U0274933

收藏与鉴赏丛书

姚泽民／主编

翡翠鉴定与收藏宝典

沈理达／编著

化学工业出版社

·北京·

本书共分为九章，四大部分内容，分别介绍翡翠的基础问题，以及翡翠行业最受关注的赌石话题；翡翠的雕刻和镶嵌过程中常见问题；翡翠的鉴赏和鉴定；如何进行翡翠的价格评估、正确收藏以及完美佩戴等内容。

本书的结尾还专门整理了翡翠行业常用的术语以及雕刻图案寓意汇总，可以帮助读者更好地理解翡翠行业。

图书在版编目（CIP）数据

翡翠鉴定与收藏宝典/沈理达编著. —北京：化学工业出版社，2019.8
（收藏与鉴赏丛书/姚泽民主编）
ISBN 978-7-122-34425-0

Ⅰ.①翡… Ⅱ.①沈… Ⅲ.①翡翠–鉴定②翡翠–收藏 Ⅳ.①TS933.21②G262.3

中国版本图书馆CIP数据核字（2019）第083674号

责任编辑：邢　涛　　　　　　　　　　　　文字编辑：谢蓉蓉
责任校对：王鹏飞　　　　　　　　　　　　装帧设计：韩　飞

出版发行：化学工业出版社（北京市东城区青年湖南街13号　邮政编码100011）
印　　装：天津图文方嘉印刷有限公司
787mm×1092mm　1/16　印张14$\frac{1}{2}$　字数245千字　2019年10月北京第1版第1次印刷

购书咨询：010-64518888　　　　　　　　　　售后服务：010-64518899
网　　址：http://www.cip.com.cn
凡购买本书，如有缺损质量问题，本社销售中心负责调换。

定　　价：98.00元

版权所有　违者必究

丛书序

中华民族是世界上最热爱收藏的民族之一。我国历史上有过多次收藏热，概括起来大约有五次：第一次是北宋时期；第二次是晚明时期；第三次是康乾盛世；第四次是晚清民国时期；第五次则是当今盛世。收藏对于我们来说，不仅是捡便宜的快乐、拥有财富的快乐，它还能带给我们艺术的享受和精神的追求以及文化的自信。收藏，俨然已经成为现代许多人的一种生活方式和生活态度。

"乱世黄金，盛世收藏。"收藏是一种乐趣，更是一门学问。收藏需要量力而行，收藏需要戒除贪婪，收藏不能轻信故事。然而，收藏最重要的依然是专业知识和文化知识的储备。鉴于此，姚泽民工作室联合化学工业出版社编辑出版了本丛书。各分册的作者，均是目前活跃在鉴赏收藏界的权威专家和专业人士。他们不仅是收藏家、鉴赏家，更是研究者和学者，其著述通俗易懂而又逻辑缜密。本丛书在强调"实用性"和"可操作性"的基础上，更加强调"专业性"，目的就是想帮广大收藏爱好者擦亮慧眼，提供最直接、最实在的帮助。不管你是初涉收藏的爱好者，还是资深收藏家，都能从本丛书中汲取知识营养，从而使自己真正享受到收藏的乐趣。

"收藏有风险，投资须谨慎。"降低收藏投资风险的重要途径就是学习相关专业知识。期待您的开卷有益！

姚泽民工作室

前　言

翡翠瑰丽无比，魅力无穷，它是世界的顶级珠宝，也是中华玉文化的重要组成和延续。如今在国际市场上，有许多人喜欢翡翠，翡翠市场也在成长中。然而相比于有客观标准的其他宝石品类（如钻石、珍珠等）而言，翡翠的质地、种水、颜色变化很大。许多珠宝同业，包括做鉴定的朋友，在交流时，都会说翡翠是各种宝玉石门类中最复杂的一种。所谓的种差一分价差十倍，色差一等价差十倍。在质地、颜色和通透度上差一点点，价格都会差别很大，这不符合人们正常的价值判断逻辑，也让行外人产生不少疑惑。于是帮助消费者和从业者更好地了解翡翠，懂得翡翠，爱上翡翠，正是我们这些有经验的研究者的使命。

把翡翠实践经验归纳总结出来，让更多人爱上翡翠，这一直是我在努力的工作之一。从《翡翠素养》《翡翠审美》《看图识翡翠》《沈理达讲翡翠》四本书的写作当中，我一边写书，一边归纳自己20年来的从业经验，对翡翠的理解和认识进行整理，希望通过这些书，能对同业以及消费者有一些启迪和帮助。

《翡翠鉴定与收藏宝典》用新媒体的写作思维，使用了大量精美的图片，将详细表格和简单易懂的文字紧密结合，把理论难懂的学术语言尽可能用通俗的表达方式讲清楚，让读者能够无压力地轻松阅读。本书的内容重点围绕消费者最为关心的问题展开，比如翡翠的基本概念，翡翠的评估，翡翠的雕刻、镶嵌，从原石的认识、赌石、相石的经验到成品的鉴别鉴赏等，以及翡翠的增值收藏、佩戴等方方面面都进行了探讨。这是一本比较全面介绍翡翠的书籍。对于翡翠的购买者，翡翠的鉴赏和收藏以及佩戴的章节会很好地帮助他们少走弯路，快速入门；对于想从事翡翠原石的从业者，翡翠赌石、翡翠评估的章节都会很好地帮助他们进行价值判断；

对于一般从业者，翡翠的雕刻和镶嵌，翡翠的鉴定等章节会很实用，有助于理解翡翠的形成。

希望本书能对众多翡翠爱好者和从业者有所帮助，能够成为他们有用的辅助工具。也希望从业者能够受到启发，进而更懂翡翠，创造出更多、更美、更具时代意义的翡翠好作品。

翡翠是一门很深的学问，由于各种原因，书中难免存在不妥之处，请各位读者给予批评指正。

沈理达

2018 年 12 月 25 日

目 录
CONTENTS

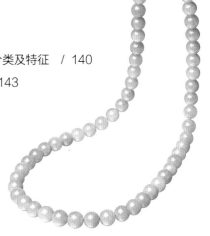

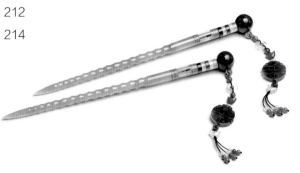

绪论
翡翠审美的五个层级

珠宝审美，是珠宝材质与设计师、工匠和观赏者之间跨越时空的互动，也是一个民族历史、文化、宗教、信仰、价值观、审美观乃至工艺、科技、财富、人文的综合体现。翡翠审美作为中国人审美情趣的一个重要部分，反映着中国人审美的独特视角，也体现着从俗到雅又入理的过程，这个过程中伴随的必然是文化层次的提升、文化知识的积累，是一个"金字塔"似的递进过程。可以简单概括为感知美、认知美、共情美、哲思美和崇敬美。

第一层级：感知美

翡翠行话"外行看色，内行看种"，指的是刚接触翡翠的人很在意翡翠的颜色，而基本不关心其他因素。这也是对翡翠最为直接、最为初级的审美：感知美。即让人感到漂亮、好看、有趣，能吸引人，使人得到快感。这个层次的审美，更多强调和在意的是翡翠的颜色，特别是绿色的感受；同时，翡翠视觉方面的通透度、反光程度、大小、净度、形体美感，以及触觉方面的细腻、温润、光滑等，都属于直接可感知的内容。

感知美是一种基于实用层面上的物质审美，在没有见过大量高水平、高层次的翡翠的文化形式表达之前，人们能接受和想象的就是"普世之美""幸福之美"。这也是最简单、最易接受、最有群众基础的审美。翡翠生意好的时候，绝大部分的普通货都能卖出，就是因为大量消费者处在翡翠审美的这一层次。很多人刚接触翡翠没有任何的审美标准，只要是翡翠就接受。翡翠市场低迷时，许多薄水的看起来起荧光的绿色材料依然被市场喜爱。这些现象反映的正是感知美的强大群众基础（图0.1）。

第二层级：认知美

当对翡翠有了更深入的认知和了解后，对翡翠有了工艺、材质、价值等方面的更高需求。这就达到了翡翠审美的第二个层级：认知美。

玉不琢，不成器。工艺赋予翡翠新的形式和内容，让翡翠呈现出"天人合一"的美。由于较高的硬度和极好的韧

图0.1　颜色是翡翠最易被感知的美

性，使翡翠的呈现形式有了更多的可能性。翡翠可以做成重达数吨的摆件山子，通过点、线、面的巧妙组合，达到小中见大、平中见奇、寓意丰富的空间形象，是极富中国特色的艺术载体；也可以设计制作为几克拉的戒指、耳坠、吊坠等，通过对称与平衡、主从与重点、过渡与照应、节奏与韵律等设计形式美法则的运用，与钻石、彩色宝石、贵重金属的组合搭配，可以创作出新颖多样的美感；更可以琢磨为朴素简洁的手镯、珠串，呈现朴拙之美；也可以雕成各种造型的把玩件，乾坤尽握；还可以做成简约大气的翡翠素件，运用浮雕、阴雕、内雕、镂空雕、圆雕等各种手法进行艺术创作。

图0.2　作品《老子出关》把颜色和工艺巧妙融合

　　翡翠的种水、质地、颜色变化莫测，而种好色匀、质细地净的完美翡翠是所有人的追求。东方文化对温润、透亮、细腻一直以来也有着偏爱，历尽沧桑淬炼后的清澈明亮与内敛丰富，使得翡翠多了一层神秘感，好的材料，糅合精湛的工艺和绝妙的设计，最终呈现出完美的翡翠作品，更是令人浮想联翩、爱不释手（图0.2）。

第三层级：共情美

　　共情美，指的是翡翠在经过巧妙的设计后，其所表达出的情感诉求，与观赏者的心理遥相呼应，甚至惺惺相惜，能激发人内心或深沉、或热烈、或微妙的种种情感。

　　共情美是翡翠设计者与观赏者之间的心灵互通，它基于设计者对于人的各种情感的理解、接纳与把握，并能熟练利用翡翠的各种特性，诉之于形，藏乎于神。

　　对比白玉，翡翠色彩的丰富，使其雕刻的表达与联想有了更大的空间，也让它更适合于同各种贵重金属及宝石镶嵌搭配，不止有中国神韵，更具世界审美。而比对冰冷的刻面宝石，翡翠温润的触感，也更具情感和温度，是少有融色彩美、线条美、形体美、声音美、触感美等各种审美体验于一体的宝玉石。

　　翡翠有着多变的种水色及质地，色彩饱和度高，色谱带宽，比白玉的色彩、多变性和色域范围都要丰富得多。在翡翠雕刻中巧用色的组合，能让俏色如点睛之笔，赋予翡翠新生的力量。

能欣赏翡翠的，绝大多数还是中国人，所以翡翠所表达的情感，也需基于中国人共有的中华传统文化之根。所幸这条根脉源远流长，博大精深，还有太多值得挖掘与品味的情感故事。只要把对了脉，讲对了故事，即使是普通的翡翠材质，也能焕发出感人至深的情感力量（图0.3）。

图0.3　作品《书卷生花》激发了人们对学习的憧憬

第四层级：哲思美

翡翠是中国八千年玉文化长河中的璀璨结晶。一件意蕴深厚的翡翠作品，向后连接着中国人最深层的思想和情感，向前关系着品鉴者本人的生命质量之时，翡翠就拥有了更高层级的审美：哲思美。

哲思美是那种潜藏于表象之下，使人难以言表的内心体验和感悟之美。翡翠哲思美的产生，好比翡翠深藏的灵魂与品鉴者的内心深处邂逅的瞬间所激发而出的情感。哲思美是感性与理性结合之美，品鉴者的情感越是敏感丰富，文化底蕴越是深厚广博，就越是能体会到翡翠所表达出的哲思之美。

作为玉文化的延续和发展，翡翠在表现"儒、释、道"等各种题材时都游刃有余。"有匪君子，如切如磋，如琢如磨"——翡翠的精雕细琢，能让人感悟到君子修身的种种不易。或庄严、或喜乐、或静谧、或飘逸的种种佛菩萨造像，能带给人不同的心灵感悟。至于恬淡悠远、物我合一的山水意境，更是特别适合翡翠演绎的题材。

图0.4　作品《拈花而笑》让人感悟生命

丰富的色彩和通透的质感，还让翡翠能徜徉于中西审美之间，创新出时尚又不失禅意的哲思之美，使其更符合现代人的审美和心理需求（图0.4）。

第五层级：崇敬美

崇敬美是翡翠审美的最高境界。由人的内心情感上升到"法"与"真理"的心灵体验，是一种震撼灵魂的审美过程。崇敬美传递给人一种不可侵犯、不容亵渎的力量，是超越时空的永恒精神世界的归宿。

中国古人很早就认为，玉虽然不能言语，却成为可以沟通天地鬼神的媒介。玉从"神玉"开始，经历了"礼玉""德玉"等高高在上的阶段，逐步发展为亲民的"民玉"。玉所承载的灵性与神性，却从未消失，只是在更深层面，与佩戴者息息相通、不离不弃。作为中华玉文化的传承载体，翡翠也为近现代中国人注入了更多精神滋养与护佑。

翡翠是在明末清初传入中国的。翡翠的绿色契合了满族人对绿色及生命的崇拜，被清代统治者所喜爱，翡翠逐渐取代了和田玉一统天下的地位。因此如今看到的许多清代皇宫收藏的翡翠，都是色彩亮丽而不太注重种水的。

翡翠的崇敬美是玉文化在翡翠中的传承和升华。体现在翡翠作品中，是集翡翠的众多特质于一体，超越物质的理解，把作品提升到精神崇拜的境界，为作品题材尤其是某些宗教题材，赋予只可意会不可言传的神圣意味（图0.5）。

图0.5　作品《圆满》是中国人对宇宙价值观的一种文化理解

翡翠审美的五个层级，因人、因地、因时而异，对于翡翠爱好者追求更高层次的美学体验及精神享受有相应的指导意义；而对于翡翠从业者，则有着战略定位和销售引导的参考意义。提升翡翠的审美层次，不仅建立在提升知识层次、个人修为的基础上，而且要伴随着对翡翠及其背后的玉文化的深刻认知。创新出既能体现翡翠特色，又能与时俱进的审美形式与内涵。

第 1 章

翡翠 DNA：让你秒懂翡翠的前世今生

1.1 翡翠参数：你所不知道的翡翠档案

1.1.1 翡翠的基本档案

（1）化学成分 硅酸盐铝钠——$NaAl[Si_2O_6]$，常含Ca、Cr、Ni、Mn、Mg、Fe等微量元素。铬与铝的类质同象转换使得翡翠绿色鲜艳（图1.1）。

图1.1 铬与铝的类质同象转换使得翡翠绿色鲜艳

（2）矿物成分 以硬玉为主，绿辉石、钠铬辉石、霓石、角闪石、钠长石等为辅。具体成分：

氧化钠（Na_2O）：13%左右；

三氧化二铝（Al_2O_3）：24%左右；

二氧化硅（SiO_2）：59%左右。

根据翡翠中的主要矿物的组成，可将翡翠分为三大类：硬玉质翡翠、钠铬辉石质翡翠、绿辉石质翡翠。

（3）结晶特点 单斜晶系，常呈柱状、纤维状、毡状致密集合体，原料呈块状，次生料为砾石状。

（4）莫氏硬度 莫氏硬度为6.5～7.0，高于大部分玉石。翡翠的韧性好，雕刻时相对于水晶等晶体类宝石容易实现。

（5）解理 细粒集合体无解理；粗大颗粒在断面上可见闪闪发亮的"苍蝇翅"。

（6）光泽 油脂光泽至玻璃光泽。不同通透度、致密度的翡翠呈现的光泽会有很大的差别。

（7）透明度 半透明至不透明。

（8）相对密度 相对密度为3.30～3.36，通常为3.33，在二碘甲烷中会悬浮或下沉。

（9）折射率　折射率为1.65～1.67。

（10）颜色　颜色丰富多彩，有绿色、红色、黄色、紫色、蓝色、黑色、白色等。由于致色成因不同，含有的元素不同，同一颜色的色宽变化很大。

按颜色成因可分为以下两种类型。

① 次生色：其颜色形成与后期风化作用有关，这类颜色为各种深浅不同的红色、黄色和灰色等，其特点是在靠近原料的外皮部分呈近同心状。

② 原生色：原石形成时就有的颜色，为深浅不同的白色、油色、藕粉色、灰色、绿色等。

（11）发光性　浅色翡翠在长波紫外线中发出暗淡的白光荧光，短波紫外线下无反应。

1.1.2　翡翠的基本特征

（1）表面特征　在宝石显微镜或高倍放大镜下观察，大多数天然翡翠的表面有橘皮效应，当翡翠的晶粒或纤维较粗时，其表面很可能会有一些粗糙不平或凹下去的斑块，但未凹下去的表面显得比较平滑，无网纹结构和充填现象。

（2）翠性特征　翠性指的是翡翠的未抛光面呈现出来的晶体，类似苍蝇翅膀的反光效应，这种性质在岫玉、石英等玉石中都是没有的。需要注意的是，在抛光翡翠成品中，当翡翠晶体颗粒较大时，翠性凭肉眼清晰可见，如果晶粒细时，须借助于放大镜才可见到翠性。可见，翠性虽然是翡翠的鉴定特征，但翠性越不明显，则说明翡翠的品质越高。

（3）颜色分布自然　天然的翡翠颜色往往是顺着纹理方向分布的，有色的部分与无色部分呈自然过渡，色形有首有尾，颜色看上去仿佛是从其纤维状组织或粒状晶体内部长出来的（又称色根），和晶体是结合在一起的，沉着而不空泛（图1.2）。

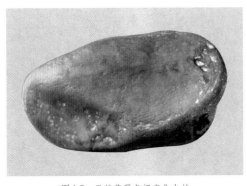

图1.2　天然翡翠色根变化自然

1.1.3　鲜有人知的翡翠个性

（1）绿随黑走　翡翠原料内部，绿色色根往往伴随着黑色的杂质存在。原因是含有铬致色的翡翠，在形成色根时，大多是在高温条件下铬沿着裂隙侵入，往往会夹杂着其他物杂存在，于是常存在黑色与绿色同在一条色根的情况（图1.3）。

（2）豆种易出色　豆种的翡翠容易有较多的颜色，细密的老坑种翡翠则不易存在整片颜色。这主要是因为豆种晶体密度不大，空隙相对较大，易被原生色渗透，而结构致密的翡翠则不易渗透，行内称"好种难生色"（图1.4）。

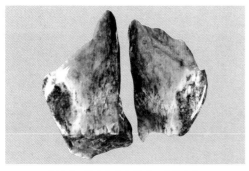

图1.3　铬夹杂着杂质进入翡翠内部

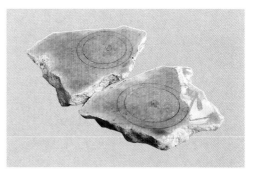

图1.4　豆种晶体密度低

（3）场口影响品质　有经验的行家，经常可以通过一块玉料的特征来判断场口。每个场口都有自己的DNA，有着自己生成时的特别地理和环境条件，于是形成了不一般的外貌特点和内在特征。所以在赌石的时候能否正确判断原料场口会影响输赢的概率。选成品时场口好坏也会影响稳定性进而影响价格。玉料比较著名的场口有：帕敢场区、后江场区、木那场区、会卡场区、达木坎场区等（图1.5）。

图1.5　不同场口翡翠都有自己的DNA

（4）翡翠会变种　翡翠成品由于晶体内部结构稀松，品质不佳，佩戴一段时间后，表面会磨损，结构会破坏，会有越来越干的感觉。由于原本的水头和光泽没了，翡翠有时会显得发黄、发干。这种现象行家也常称之为变种。这里讲到的变种与原石的变种不一样，要注意区别（图1.6）。

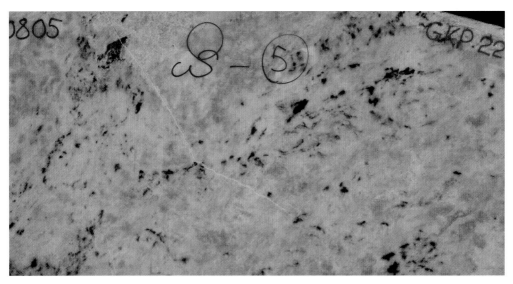

图1.6　晶体内部结构不够致密的翡翠会变种

（5）翡翠会变色　翡翠的绿色是铬元素与铝元素在特殊环境下进行类质同象置换而形成的，形成时间上亿年，这样形成的颜色是难以在我们平时的佩戴中发生变化的。然而部分坑口较新的翡翠，翡翠内部结构不够结实，佩戴一段时间后由于人体等外来的温度，加上汗水等外在的酸碱性成分会通过翡翠裂隙渗入到翡翠内部中，使得绿色会相对扩散，或变淡。这种变化是非常细微的，非专业人士难以鉴别。

（6）翡翠需调水　翡翠的调水是指通过对翡翠的雕刻和镶嵌设计来达到让翡翠的水头更足，更具卖相的过程。翡翠的雕刻过程中，通常会通过增加受光面，扩大受光面积，让翡翠吸收更多光线的方法来提高透光性和透明度，比如观音头部的背面、佛的肚子和头部的背面常常挖薄即是采用此方法调水。镶嵌时常用K金封底调水，封底后，利用封底聚集光线反射到翡翠上，提升翡翠表面的光泽度，起到调水的效果。

（7）翡翠需调色　翡翠的调色是指通过对翡翠的雕刻和镶嵌设计来达到让翡翠的颜色更浓更艳的效果的过程。对于绿色偏深、色块偏厚影响透明度的情况，在雕刻过程中通过勾勒剥离绿色与无色的分界，适当削减非重要部位绿色的厚度，使透光性更好，透明度清晰，达到有水的效果，映衬出绿色的冰清鲜嫩来进行调色。作薄也是调色的一种办法，近几年市场上出现危地马拉的翡翠，由于含铁过多显得色暗，只有薄到一定程度，翡翠的颜色和水头才会好。镶嵌时常用不同颜色的镶嵌封底调色，不同浓淡的绿色在不同颜色的封底下会产生不同的颜色效果。比如偏蓝的翡翠就需要使用黄色的封底，以达到视觉上翡翠绿色更正的效果。

（8）光源影响颜色　翡翠在不同光源下观看的色度是不一样的，在灯光照射的情况下，翡翠给人的视觉感会更加有光泽、更加通透。尤其是色浓、种干的翡翠，比较吃光，黄光灯下比自然光下漂亮许多。通常在黄光灯下，翡翠颜色会显得鲜艳一些，饱和度也会变得较好，特别是绿色的翡翠。在白灯光下，翡翠会显得暗淡些，颜色总体上比较差。翡翠最真实的颜色是在太阳光下观察，一天中不同时间光线中所含有的光的波长会有所不同，最好是在上午10点至12点观察最为准确。

（9）背景影响颜色　在不同的背景下，翡翠的颜色会有很大的区别。通常来说，豆种翡翠在白底上会显得比较好看，因为豆种里面有许多白色的小结晶颗粒，在白底上，这些白色的结晶颗粒会变得不明显。这时观察翡翠，眼睛往往会被绿色吸引，翡翠中的绿色也会显得更绿。白色种好的翡翠在白底上也会显得比较好看，因为翡翠的棉和白点不易被发现而显得干净。在黑底上，绿色的翡翠显得更绿，饱和度更高。种好的翡翠则会显得比在白底上更透。如玻璃种的翡翠，尤其是白色的玻璃种翡翠会显得更透明，但是在黑色的底上，翡翠中的白棉会比较明显。有人选择用橙色底放白色玻璃种翡翠，这样棉絮会显得少，而且其光效也会很好。种水特别好的绿色翡翠市场上常会以反光强度高的锡箔纸为底，翡翠的颜色就会显得突出，有起光的感觉，特别抢眼。

1.2　翡翠成因：翡翠是如何形成的？

1.2.1　翡翠形成的因素是什么？

从目前世界上发现翡翠的产地特征，我们可以发现翡翠矿床主要分布在地球上板块碰撞的地带，矿床往往有分带现象。据此，大多矿物学家认为，翡翠生成的地质条件十分苛刻，它需要一个高压低温的地质环境（压力5000～7000kPa，温度在150～300℃）。而要成为优质的翡翠，还须有微量铬离子——致色离子在一定的温度范围内，在漫长的时间里不间断地进入硬玉晶格，才能形成绿色翡翠。

若要成为种好色艳的特级翡翠，翡翠的围岩必须是高镁高钙低铁岩石。这种环境产出的翡翠更纯净，少铁使底不发灰。如果要形成无铁不灰的状态，使得绿色翡翠十分纯净无杂质，还须在强还原条件下，即在还原环境中生成。因为在缺氧环境中，它所含的 Fe^{3+} 会形成磁铁矿而析出，而不能进入翡翠晶格内，可使翡翠的绿色更正。

除此之外，要成为"浓、阳、正、匀"的特级翡翠，还需要铬离子伴随着热液被缓慢分解出来后，能够长时间处在相对较低的温度下（最佳温度是在212℃左右），这样铬离子才能均匀不间断地进入晶体晶格，这种条件下生成的翡翠绿色非常均匀。

完全生成特级翡翠后，还不能有大的地质构造运动，否则将会产生大小不等、方向不同的裂纹而影响质量。这就是完美无瑕且浓、阳、正、匀的特级满绿翡翠极为稀有的原因。

1.2.2　什么是翡翠中的类质同象？

矿物除了含有主要的组成元素外，还会在生成过程中有许多微量元素进入并以各种形式存在，这些微量元素作为"质"存在于矿物中，并使得矿物的颜色和物理特征发生变化。其中有很多微量元素是通过某些化学成分的相互代替而进入矿物中的，学术上称为类质同象替代。翡翠正是因为存在类质同象替代而产生颜色变化的。

翡翠的颜色变化很大，价值也相差很大。有绿色、红色、黄色、紫色、白色、蓝色、黑色等。那么是什么原因使得翡翠有这么大的颜色变化呢？翡翠的理想化学组成为 $NaAl[Si_2O_6]$（硅酸盐铝钠），表现为纯色，或称无色。也就是我们看到的白色翡翠。因为它不含有"杂质"离子，颜色纯正。

但为什么翡翠还会有各种颜色呈现呢？这是因为翡翠发生了类质同象交换产生的变化。比如翡翠中少量的Fe或Cr作为"质"替代了Al，替代的多少会造成绿色的深浅变化和重量的变化。Fe^{3+} 作为质替代 Al^{3+} 时，会导致颜色呈现暗绿色（例如墨翠），同时翡翠的相对密度会增加，光泽和折射率会下降。Cr^{3+} 作为质替代 Al^{3+} 时，会导致颜色呈现艳绿色，同时翡翠的相对密度会较明显增加，光泽和折射率会相对下降。

温度增高会有利于类质同象的替代发生。如高温下翡翠中的Cr可以更多地取代Al，当温度降低时，取代范围要缩小。所以有颜色的翡翠一定是在高温的环境下成长，没有高温的条件，铬是难以进入翡翠的。

1.2.3　翡翠中的铬从何而来？

绿色的翡翠是由于铬类质同象替代铝而形成的，只要有铬参与的翡翠也就因此更加鲜艳和受欢迎。那么翡翠中的铬是从何而来的呢？

基于这个认识，我们可以判断翡翠矿产周围地质条件若无铬离子供给，翡翠是不能形成鲜艳的绿色的。缅甸翡翠之所以比其他产地的翡翠质量高，其中一个原因就是颜色鲜艳。根源是缅甸翡翠原生矿床周围有超基性岩铬铁矿（是一种成分为铁、镁和铬的氧化物）出现，这应该是铬元素的主要来源（图1.7）。当然不排除更深的不可测的地壳内部存在其他形式的铬的元素。这也是翡翠颜色鲜艳的秘密。

图1.7 铬铁矿是缅甸铬元素的主要来源

1.3 翡翠产地：地球上的翡翠产地都有哪些?

在人类有记载的历史上，主要文明发源地，玛雅文明和华夏文明均有发现翡翠的记载。也就是说翡翠在约5000年前就已经被发现，只是直到近代才被中国人捧为"掌上明珠"。

与钻石相比，翡翠的产地要少得多，目前已发现的全世界有十三个国家有产出翡翠，主要产地有八个，这些产地大都分布在地球的大陆板块之间。分别是亚洲的缅甸、日本和哈萨克斯坦，欧洲的俄罗斯、意大利，中美洲的危地马拉和美国加利福尼亚州，南美洲的哥伦比亚。除了缅甸，大部分产地未能产出宝石级的翡翠。

目前市场能见到的翡翠主要有缅甸的翡翠、俄罗斯的翡翠和危地马拉的翡翠。日本翡翠、美国加利福尼亚州翡翠、哥伦比亚翡翠、意大利阿尔卑斯翡翠、哈萨克斯坦伊特穆隆达翡翠极少。不同产地的翡翠特点很鲜明，下面就主要介绍一下市场上出现的主要产地的翡翠特征。

1.3.1 缅甸的翡翠

缅甸翡翠主要产于缅甸北部。原生翡翠矿床产于蛇纹石化的橄榄岩内，蛇纹岩橄榄岩体南北长18km，东西宽64km。原生矿床主要分布在三个地区：西北部、雷打场区和龙肯场区。原生矿未受到外力作用的侵蚀和搬运，开采极为困难。原生矿多为含有硬玉的岩脉或岩墙，侵入蛇纹岩化的橄榄岩中，多以脉状形式的硬玉矿体分布于缅甸北部的度冒（又称多磨）、缅冒（磨）、潘冒（磨）和南奈冒（磨）。缅甸翡翠产区多分为六至八个场区。欧阳秋眉教授在《翡翠全集》中将缅甸翡翠场区分为八个：龙肯场区、帕敢场区、香洞场区、达木坎场区、会卡场区、后江场区、雷打场区和南齐（小场）场区。目前市场上绝大多数的宝石级翡翠来自缅甸（图1.8）。

图1.8　绝大部分宝石级翡翠产于缅甸

1.3.2　日本的翡翠

日本三波川发现翡翠矿床，三波川矿床位于日本静冈县，该地硬玉岩产于硬柱石绿纤石－绿帘石－阳起石带的泥质沉积物和砂屑沉积物以及镁铁质火山变质岩带。多为低档翡翠料。

1.3.3　哈萨克斯坦伊特穆隆达的翡翠

哈萨克斯坦伊特穆隆达发现翡翠矿床，矿床产于哈萨克斯坦巴尔喀什市以东的超基性岩蛇绿岩套内。翡翠矿体呈透镜体、圆柱状、柱状产出。主要为暗绿色、杂色及浅绿至暗绿色三种翡翠。可制作低档饰品或玉雕料。

1.3.4　俄罗斯的翡翠

俄罗斯的翡翠矿床已发现的有两个。一是乌拉尔列沃－克奇佩利翡翠矿床，该地区翡翠产于超基性岩体的内生矿床中。其中硅酸盐铝钠及钠长石形成的透镜体的核部即为翡翠岩。翡翠与钠长石共生呈脉状，厚度较薄，多为几厘米大小，块体较小，颜色多为白色、淡绿色、灰白色等，尚不具开采价值。二是阿尔丹地盾伊纳格利翡翠矿床，该翡翠矿床产于超基性碱性岩的新鲜纯橄榄岩中。该地除透辉石和角闪石－正长石伟晶岩脉外，还含有装饰用透辉石交代岩。其中的透辉石近年已大量开采并进入中国市场。基本为种差的中低档材料，有些颜色好的翡翠受市场欢迎（图1.9）。

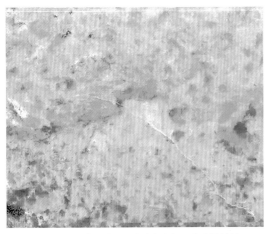

图1.9　俄罗斯的翡翠大多为颜色好、种差的材料

1.3.5　意大利阿尔卑斯的翡翠

在意大利阿尔卑斯山西部曾发现过翡翠矿床，位于意大利境内的科泰地区。该地产有流纹杂岩生成的片岩、片麻岩中依钾长石呈假象的硬玉。此外在该地区还发现有西阿尔卑斯变质砂岩中的硬玉、穆克罗山变质花岗岩中的硬玉，但目前均未有开采利用的消息。

1.3.6　危地马拉的翡翠

危地马拉的拉曼齐纳尔发现翡翠矿床，产于危地马拉埃尔普罗格雷索省，位于该地麦塔高深断裂带中的蛇纹岩内。矿体有三种类型：翡翠钠长石、翡翠–阳起石白云母–碱性角闪石、翡翠–石英–榍石–黝帘石–斜黝帘石。其中翡翠含量5%～95%、钠长石5%～90%、白云母10%、石英5%。危地马拉的翡翠由于含铁多而呈灰色调（图1.10）。近年来，有不少危地马拉的翡翠进入市场，主要是蓝水料和薄水料。其中绿色翡翠刚入市场时，不明事理的批发商曾把危地马拉翡翠称为缅甸的永楚料。但其实缅甸的永楚矿区早已封矿。

蓝水料多制作成把玩件和摆件。由于成本低，好种的作品在我国广东的"四会市场"很受欢迎。薄水镶嵌的料子，能达到起荧光的绿色翡翠件，由于价格便宜，也曾受到市场喜爱。但由于这种材料后来被发现不太稳定，易变化，市场的热情也就慢慢消退了。

图1.10　危地马拉的翡翠由于含铁多而呈灰色调

1.3.7　美国加利福尼亚州的翡翠

美国的翡翠矿床主要发现于加利福尼亚州。现已发现有两个翡翠矿床。一是克列尔克里克翡翠矿床，位于美国加利福尼亚州圣贝尼托县安德烈斯大断裂带附近。翡翠岩分布于超基性岩和沉积–喷发岩带内，呈脉状、透镜体状产出。翡翠主要为白色，岩体中心有细粒绿色翡翠。岩体中翡翠占75%，霓石占15%，透辉石占7%。二是利奇湖翡翠矿床，位于美国加利福尼亚州新伊德里亚，翡翠矿产于蛇纹岩内，在片岩中呈绿色纤维状晶体及横切钠长石-钠铁蓝闪石，已开采作为雕刻用材料。

1.3.8 哥伦比亚的翡翠

哥伦比亚爪西拉发现翡翠矿床，该矿床位于哥伦比亚瓜西半岛古近—新近纪形成的砾岩中，钠质粗面岩与其他榴辉岩型组合一起呈漂砾产出。目前未发现有较大商业价值的翡翠矿床。

1.4 翡翠原石：不同深度肤色不一样

翡翠的矿床分为原生矿床和次生矿床两大类。

原生矿床是指没有经受足够强的风化侵蚀或者流水冲击搬运，而处于残坡积层状态下的翡翠矿床，这种矿床中的玉料有一定的棱角，大部分没有皮壳。原生矿床的翡翠一般质地粗糙、结构疏松。

次生矿床是指部分原生矿床，因露出地表，受到风化剥蚀、破碎和水流搬运而沉积在河底、堆积在河滩上的卵石状或砾石状的翡翠矿体。次生矿床出产的翡翠原料大小不一，没有棱角或者棱角十分不明显，有皮壳，在赌石行业被称为籽料、老玉、老坑、老场、水石、水翻砂、老种等。次生矿床出产的翡翠一般质地细腻、结构致密。原因是次生矿床的翡翠玉料长期受到自然界风化和流水的浸泡或冲击，玉石在漫长的岁月中发生了"水岩反应"，促使玉料的结构和构造良性发育，同时玉料中较小的裂隙会慢慢愈合。水岩反应有助于细化结构并提高透明度。见表1.1为原生矿床与次生矿床特征。

表1.1　原生矿床与次生矿床特征

矿床分类	定义	特点	分布
原生矿床	原生翡翠矿床	没有表面的风化壳，较易观察翡翠内部品质。大部分品质一般	乌尤江流域的翡翠原生矿床中，质量最优者属度冒矿床
次生矿床	产于冲积砂层的翡翠矿床	由于风化壳的存在，以致无法观察到翡翠内部。而对翡翠原石的鉴定则主要是通过观察风化壳表面出现的各种现象，推断该翡翠原石内部质量的优劣。在翡翠原石表面除了会有皮色差异，还会有光洁度、致密度、薄厚度等差异，还常常出现风化、松花、蟒、癣、雾等现象	由翡翠原生矿床风化剥蚀搬运到乌尤江流域沉积而成。主要分布在乌尤江上游度冒之东南的坎底、蒙冒、潘冒、卡杰冒、桑卡等村庄附近的河谷中，其中蒙冒是最大的翡翠冲积砂矿床，并以坎底玉和蒙冒玉较为有名，共同特点是以黑皮者居多

矿床分类	定义	特点	分布
次生矿床	产于砾岩层的翡翠矿床	巨厚的第三纪、早第四纪砾岩层分布在缅甸北部，这些砾岩层是片岩、蛇纹岩、辉长岩等岩石的浑圆形的碎屑，经砂、黏土或钙质胶结而成	含翡翠的砾岩主要集中在乌尤江河谷的鞋帕等地及乌尤江支流的马蒙、潘马等地

目前开采的主要是高地砾石层的次生矿，以下为这种次生矿翡翠原石的特点。

高地砾石层砂矿堆积厚度达100～300米，矿床通常分成以下三层。

①表层：为黄色砾石层，其间主要为黄砂皮、粗黄砂皮和水石。常常出现颜色鲜艳的翡翠原料（图1.11）。

②中层：为红色砾石层，多见黄色到棕红色的翡翠皮壳，红蜡壳铁锈皮壳，这层原石可见质地佳、颜色好（种老色阳）的翡翠品种出现，但是丝条绿色和淡绿色比较多（图1.12）。

③下层：为灰黑色或深灰色的砾石层，其间有黑蜡壳、油清皮壳、蓝皮壳、黑乌纱等翡翠石料，但也不排除薄皮或无皮的翡翠毛石。在此层石脚可找到绿色、水好、质地紧密（种老）的优质翡翠（图1.13）。

图1.11　表层为黄色砾石层

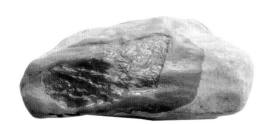

图1.12　中层为红色砾石层

图1.13　下层为灰黑色或深灰色的砾石层

1.5 翡翠性质：最表里不一、变化莫测的宝石

翡翠的矿物结构和生长环境决定了翡翠的内部的变化莫测，翡翠原石因为内部的不确定性，使得翡翠原石交易又称为赌石。在进行赌石时，翡翠的变化主要有三个方面：一是翡翠的种水变化；二是翡翠的颜色变化；三是翡翠的裂隙变化。

1.5.1 翡翠种水变化

翡翠的种指的是翡翠的晶体结构粗细，翡翠的水指的是翡翠的透明度，一般种和水都是相互的。粒度纤细且均匀交织的品种，透明度较高，质地也细腻温润，常称之为种好或种老。色杂、透明度差，一般泛称为新种。老种翡翠成矿年代早，块体饱满，砂发明显，雾层均匀，颜色鲜明，充分表现出翡翠作为宝石所应有的优点，结构致密、绿色纯正、分布均匀、质地细腻、透明度高、硬度大。

老种的翡翠经常会出现变种，同样一块玉料，主要部分是一个种，而某些部位却变成了另一种种头的玉料，如莫西沙料中，大部分为玻璃种，而有些部分变成了冰种或者糯种。也经常会出现某一种头的玉料由另一种头的玉料演变而来，如质地很差的翡翠原料俗称"狗屎地"，其中常会有玻璃种的高绿出现。同一原石内部种水变化极大，这也正是赌石中最难以把握的种水变化（图1.14）。

图1.14 同一原石不同部位种水发生变化

1.5.2 翡翠颜色变化

翡翠颜色变化莫测，其中最重要的是绿色的变化。翡翠绿色的变化首先要判断翡翠的绿色是交代式成色还是填充式成色。交代式成色是指含铬溶液一点点渗透的途径置换

岩石中的某些矿物，交代方式形成的绿色翡翠的特点是矿体形状不规则，不是定向排列，而是均匀地向各个方向生长。

翡翠中交代方式形成的绿色翡翠，其规律性较差，变化较大，颜色也可以呈鲜艳绿色，但晶体颗粒较粗，晶体排列无方向性，透光性差，大多为有色无种或底脏的情况，大多价值不高。

填充方式成色是指含有铬的溶液沿着通道进入翡翠。填充方式形成的绿色翡翠的特点是矿体形状与裂隙形状有关，具有一定的方向性。晶体往往具有定向排列，常与裂隙的延长方向平行。晶体也往往比较细腻，透明度高，均匀，变化小。

填充方式形成的绿色翡翠晶体较细，透明度高，行内称"龙到处有水"就是指根色翡翠的特点。填充式形成的绿色翡翠常会出现高价值、高品质的绿色翡翠。

绿色翡翠内部颜色的空间形状是如何分布和变化的？这是行家买原石时最关心的问题。填充或交代方式形成的绿色翡翠的变化方向主要与裂的成长有关。根据矿体在三维空间的大小比例，可以划分出三种基本的矿体形状。

（1）等轴状矿体（颜色） 其三个方向大致相等，如所谓的团色、仓色、根色等。团色无一定方向展开，三个方向基本相等，往往呈不规则状分布，颜色与质地可以呈逐渐过渡关系，也可以有明显的界线。团色的规模可大可小，多数是由含铬溶液交代形成的。大规模者可看成为仓色。

（2）板状矿体 一个方向延长小，两个方向延长大。即长度和宽度大而厚度小的绿色形状。这种形状的绿色翡翠根据其厚薄不同可以分为片状、扁豆状或透镜状及串珠状等。

（3）脉状——根色 脉状是板状矿体最常见的形态。矿脉通常指充填在岩石中已有裂隙内矿物的形态。对翡翠来讲就是指充填在"底"的裂隙内的绿色翡翠。它往往是倾斜状的。行家称为"根色"。根色也有走向和倾向的，它们有时沿走向、倾向整个延长中不变，但也可能有所变化。最好的色根是颜色有窄有宽，呈波浪形，根据经验，这种状态下，里面有机会出现团色。

判断翡翠颜色的变化需要理解其颜色的形成原理，也需要经验的配合，对于不同矿场和不同矿层所产出的翡翠原石就有可能存在完全不同的内部颜色变化。对于颜色变化的判断有时更多的是运气使然，所以行内称为"赌石"（图1.15）。

图1.15　翡翠颜色的变化是翡翠行家最为关心的问题

1.5.3　翡翠裂隙变化

翡翠行家常讲"十宝九裂"。其实大部分翡翠材料均会有裂。由于翡翠矿体是在低温高压的环境下形成，所以所有的翡翠均会受到来自外部的各种地质力（挤压力、拉张力、剪切力等）的作用，当翡翠受到力的作用时，其内部将发生变形。其变形过程分为三个阶段：弹性变形、塑性变形和破裂变形。只有当翡翠经过弹性变形或塑性变形后，当外力达到其强度极限时，翡翠就会失去连续完整性而产生破裂。根据翡翠裂隙的成因，翡翠的裂隙分为三种。一是原生裂隙，由于受到地壳运动的作用力而产生的裂隙称为原生裂隙。翡翠矿体在受到大的地壳运动时，产生变形断裂，由于应力来自地球内部的能量，在一定时期内，一般有其地区性和方向性，所以形成的断裂和裂隙规模较大，也比较有规律性，表现为方向性强，有一定的延伸性和重复性。原生裂隙是成矿前形成的裂隙。二是次生裂隙，次生裂隙是指翡翠露出地表后由于受外力而引起的一种规律的龟裂纹。主要是由于白天与黑夜的温度差别而产生热胀冷缩从而产生裂纹。次生裂隙没有一定的倾斜和延伸方向，其延伸性和重复性很差，而且规模也不大，绝大多数分布于翡翠的表层和局部位置。次生裂隙是成矿时形成的裂隙。三是人为裂隙。人为的裂隙主要是指人们在开采、搬运、加工一系列过程中，使得翡翠遭受个力而产生的裂隙。人为的裂隙是成矿后形成的裂隙。

翡翠行家在经营实践中，经常会遇到与客户争论是不是裂隙的问题。以下对行内常遇到的玉纹（劈理）、割纹和裂隙做个简单的比较。

（1）玉纹　主要是指翡翠这种多晶体集合体在高压变质作用过程中形成时，在定向的压力作用下，矿物会沿着压力最小的方向排列，这是晶体局部熔融又再结晶形成的，处于矿物的塑性变形阶段，尚未发展到破裂阶段。地质学上称为劈理。

（2）割纹　是指晶体分界线连在一起而形成可见的很像裂纹的分界线。不过细致观察便可发现这些分界线总是不会切穿晶体颗粒的，并且往往只是在局部范围内出现，这是与裂纹明显的不同点。

（3）裂隙　是指翡翠受到一定的应力作用，且应力超过其弹性或塑性变形的极限时，产生的破裂。这种破裂可大可小，一般都穿切翡翠中的矿物晶体。

翡翠内部裂隙千变万化，行家常用形象的名称区分。比如"开口裂""通天裂""十字裂""片裂""层裂""截绿裂""错位裂"等。在实践中很难去判断裂隙的方向和变化，不同矿区和矿层甚至会有不同的变化和特点，行家大多以经验进行判断。这或许正是翡翠的魅力所在（图1.16）。

图1.16　翡翠的内部裂隙变化莫测

1.6　翡翠分类：让无标准的翡翠简单点

翡翠由于矿体的复杂和形成过程的变化大，使得翡翠难以标准化，让行外人感到信息极为不对称，而难以理解。以下从不同角度进行分类，能够让缺乏经验的人们迅速有效地区分翡翠。

（1）翡翠的A、B、C、D分类　这是由欧阳秋眉教授按翡翠与主要相似物的比较进行分类，便于记忆和区分的一种分类方法，被广泛使用。

A货是指天然翡翠，只经过雕刻打磨，没有经过任何化学处理，没有经过高热、高压等人工伪作。B货是指经过酸洗、漂白、注胶的翡翠，破坏了翡翠结构，让水头更好，杂质更少。C货是指经过酸洗、漂白、注胶后进行染色处理的翡翠。D货是指本来就不是翡翠，是仿翡翠的产品，可能是天然的也可能不是天然的，比如拿玻璃、玛瑙、马来玉等其他玉种来冒充翡翠。

（2）按颜色分类　主要可分为绿色翡翠、紫色翡翠、白色翡翠、墨翠、红色翡翠、黄色翡翠、蓝色翡翠。

（3）按透明度分类　透明翡翠（如玻璃种翡翠）、半透明翡翠（如冰种翡翠）、不透明翡翠（如豆种翡翠）。

（4）按成品分类　翡翠摆件、翡翠把玩件、翡翠手镯、翡翠坠子、翡翠蛋面等。

（5）按翡翠矿床的质量分类　分为老坑翡翠和新坑翡翠。这是行内原来用于区分老矿床和新矿床的分类，由于老坑和新坑具有明显的品质差异，慢慢被接受为老坑翡翠是指绿色纯正、分布均匀、质地细腻、透明度好的翡翠，新坑翡翠是指透明度差、玉质粗糙的翡翠。

1.7　翡翠印象：为什么翡翠被称为玉中之王

古人说石之美者为玉。玉在华夏文明里具有重要的地位，而在翡翠出现并被接受前，和田玉是最受尊崇的玉石。但和田玉没有与时俱进，更多以君子自称，属于男性饰品。而翡翠则借清宫之力，逆袭成功，最终成为玉中之王。那么翡翠为什么成为玉中之王的呢？

（1）硬度高、韧性好　翡翠是由硬玉为主要矿物成分的辉石族矿物和角闪石族矿物组成的矿物集合体，是一种硬玉岩或绿辉石岩。内部结构由无数细小的纤维状微晶纵横交织而成，十分坚韧，是所有宝石中硬度和坚韧俱佳的少有宝石之一，因此翡翠可以保存时间很长。

（2）美感好　翡翠的美是多层、次多方面的。最为突出的是色彩美、造型美、材质美、含蓄美、神秘美、稀少美（表1.2）。品质好的翡翠通体晶莹剔透，色彩绚丽，色泽惊艳绝伦，是品鉴玩藏的精品（图1.17）。

（3）符合文化诉求　翡翠的文化是中华八千年玉文化的升级版。玉石有着深厚的历史和文化底蕴，自古即是古人吟咏赏赋的对象，再加上雕刻成如意、寿星等吉祥物的模样，更具文化意蕴。翡翠的绿色满足了满族人对绿色崇拜文化的诉求，使得翡翠深受清宫皇族的喜爱。后传播到民间，因色彩绚丽和冰通透亮而深受人们热捧（图1.18）。

（4）稀有　物以稀为贵，翡翠相对于和田玉，形成更为复杂和困难，宝石级的翡翠在数量上更为稀少。全世界只有缅甸具有宝石级的翡翠（图1.19）。

表1.2　翡翠的审美特征

类型	具体特征
色彩美	以绿色为例，世界上任何宝石的绿都没有像翡翠的绿那么艳丽、丰富，给人以生命活力，色彩变化很大，碧绿清澈，生机盎然。翡翠更有浪漫的紫色，甜美热闹的黄色、红色，深邃神秘的黑色
造型美	翡翠的造型美，从一个小小的蛋面到巨大的摆件，翡翠的体积造型千变万化，可塑性强，在创作中融入华夏文明几千年的文化内涵，以福禄寿喜、花鸟鱼虫等来表达美好的愿望以及对未来生活的向往。给人们带来美好、满足、快乐
材质美	翡翠的材质美，除了包含所有的玉石材质美外，还有色彩丰富的优点。水头虽有好有差，但都不失温润亮丽，可根据需要做出各种美丽独特的艺术品
含蓄美	翡翠作为一种多晶体宝石，有似透非透的含蓄韵致，这种美区别于以钻石为代表的各种宝石的直白美。翡翠的含蓄表露出一种东方人独有的情感，它冰莹含蓄的光泽，不浮华，不轻狂，不偏执，深沉而厚重，是人们追求的审美取向
神秘美	翡翠的绿配上它那似透非透的水，使人看不透、摸不准，给人以神秘感，使人浮想联翩，憧憬未来。它表现了中华文化的深邃
稀少美	物以稀为贵，由于形成过程的复杂，翡翠在世界各地都非常稀少，有商业价值的翡翠只有缅甸产出，以其形成的可能性计算，是钻石形成的亿分之一。有的翡翠料子，由多种颜色共生的，所谓三彩、五彩，更是难得

图1.17　有设计感的翡翠吊坠

图1.18 迎合文化信仰的翡翠

图1.19 满绿翡翠手镯是最为稀有的翡翠饰品

第 2 章

翡翠赌石：猜猜看的游戏

赌石是指翡翠在开采出来时，大部分翡翠原石会有一层风化皮包裹着，无法知道其内部的种、水、色、裂等的变化和好坏，须经切割后方能知道翡翠的具体质量情况，并比较准确地估算其价格。赌石主要赌的是种、水、色、裂的变化，没有任何人也没有任何工具能绝对看透翡翠内部的变化，其内外经常会有天壤之别，因此民间戏称这是个"猜猜看"的游戏。由于翡翠的高价格，因此造就了一批创富和破产的传奇，让追求者爱恨交加，疯狂痴迷。

赌石的输赢并非仅仅是运气因素，科学运用地质原理和经验是获胜的关键。比如有经验的行家会通过翡翠的皮、雾的特征，松花、莽、癣的有无及表现形式等，来判断翡翠内部色、种、水的关联性和因果关系，通过外因和内果等规律性进行科学判断，会极大提高赌石的胜算。这也是本章要重点讲解的内容。

2.1 翡翠场区：一眼看懂场口价值全攻略

翡翠的场区主要分布在以下三条江河水系的流域上。

（1）沿雾露河流域的翡翠矿场　主要有帕敢（大）玉石场。帕敢（大）玉石场由龙肯、帕敢、仙洞、会卡、达木坎五个玉石场区组成。由于帕敢玉石场的规模最大、场口数量最多、开采历史最为悠久，是缅甸翡翠最具有代表性、最重要的玉石产地。因此，采玉人通常将帕敢玉石场的五个玉石场区称为大场。

① 龙肯场区处于帕敢玉石场的北段，位于雾露河的源头及其上游的山区。最重要的场区有多莫、凯苏、摩西撒及玛萨等场口。

② 帕敢场区的场口最多，也最集中，开采历史最为悠久。场区位于龙肯场区西南，在雾露河北岸约 $40km^2$ 的范围内，主要场口有50多个。著名的场口有帕敢基、木那等。

③ 仙洞场区位于雾露河南岸，与北岸的帕敢场区隔河相望。区内有条可以穿行的溶洞，人称仙人洞，因而称为仙洞。场口比较少，主要有东葛、仙洞等。

④ 会卡场区位于仙洞场区东南。场区在原始森林中，已开采有场区约20个。玉石质量高。主要场口有枪宋、佐巴强、摩格隆等。

⑤ 达木坎场区位于整个帕敢玉石场区的最南段、地处雾露河下游的一个冲积小平原。该场区没有石脚层，属于冲积型砾石玉，以水石为主，场口数量少，主要场口有摩龙、摩格底、宋堆、会赛等。

（2）位于因道支湖以南的南其河流域　主要有莫罕（小）玉石场。主要场区有档生格里、档生基、南其基、南其莫底、杰起拱、莫罕、莫鲁等。

（3）位于钦敦江支流的后江流域　主要有后江（小）玉石场。后江场区分为南北两段。南段为后江场，北段为雷打场。后江场范围十分狭窄，长仅3km，宽不过150m，共分布着十余个小场口。主要场口有：莫格隆、佳摩、莫底、莫东阁、香港翠、莫格朵、比斯都等。场口规模虽小，但玉石的数量却比较多。玉石属次生型冲积砾石玉，主要玉石类型为水石和半山半水石。后江场以出产小色料而著称。玉石件头很小，其重量以两计，1kg以下者居多，5kg以上就极少了。雷打场地处后江岸边面积不大的山地上。该地区经抬升和强烈的风化作用，岩层的碎裂面被氧化铁浸染而呈现黑红色。当地人认为，这是因遭受雷击火烧所致，于是就将其称为"雷打场"，所产玉石也就称为"雷打石"。

雷打石属原生型的山岩玉，玉石无皮、无雾、白底、底干、种嫩，含有星散状的鲜豆色和紫莼色。原石裂纹多，很难取料。木朗邦场口即为其典型代表。

翡翠次生矿床著名场区原石如图2.1所示。

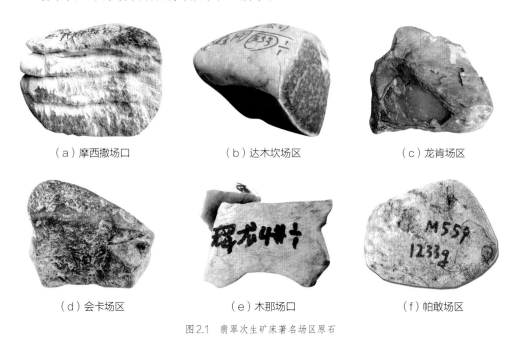

（a）摩西撒场口　　　　　（b）达木坎场区　　　　　（c）龙肯场区

（d）会卡场区　　　　　（e）木那场口　　　　　（f）帕敢场区

图2.1　翡翠次生矿床著名场区原石

2.2　翡翠皮壳：翡翠留给人世间的密语

皮壳是包裹在翡翠玉料表面的一种壳状的次生矿物。它是随着表生环境下风化演变而来的产物。无论是矿物成分、结构，还是它的特性，皮壳的皮与翡翠玉肉的形成机制

图2.2 白砂皮的矿物成分是三水铝石

图2.3 黄白砂皮的矿物成分是三水铝石和埃洛石

图2.4 黄砂皮、红砂皮的矿物成分是埃洛石和蒙脱石

图2.5 黑皮壳的矿物成分是柯绿泥石

和材质完全截然不同。这使得翡翠原石变得表里不一，披上了神秘的面纱。皮壳则是缅甸翡翠的一个特殊性的标志。这种特殊性使得缅甸翡翠与世界各地的翡翠之间有了显著的差异，其他地方的翡翠少有皮壳。翡翠皮壳多种多样，不同的翡翠原石具有不同的皮壳。皮壳由于厚薄不同、粗细不等、颜色各异，使得每一件翡翠原石都是世间唯一。于是没有任何标准可参考。然而因为皮壳是从翡翠的玉肉风化演变而来的，两者有着必然的联系。什么样的翡翠，在什么样的地质条件下生成什么样的皮壳，是有一定的规律可循的。这或许就是缅甸翡翠留给人世间的密语。

2.2.1 皮壳都有什么颜色？

翡翠次生矿物都是翡翠在其生长的"皮化期"即表生地质阶段形成的。所以皮壳只出现于次生的砾石玉（包括山石、乌砂石、半山半水石以及水石），原生的岩石玉则没有皮壳。砾石玉皮壳的矿物成分反映了其形成机制。翡翠皮壳的矿物成分主要为蒙脱石、埃洛石、三水铝石、柯绿泥石及利蛇纹石等。它们分别构成不同翡翠的皮壳的颜色。比如白砂皮、黄白砂皮、黄砂皮、红砂皮、黑皮壳、蜡皮壳等。为什么会有不同颜色皮壳呢？不同颜色是由于其矿物成分不同而造成的。白砂皮的矿物成分是三水铝石，大多处于矿区的表层（图2.2）；黄白砂皮的矿物成分是三水铝石和埃洛石，大多处于矿区的浅层（图2.3）；黄砂皮、红砂皮的矿物成分是埃洛石和蒙脱石，处于矿区的中间层（图2.4）；黑皮壳的矿物成分是柯绿泥石，大多处于深层（图2.5），蜡皮壳的矿物

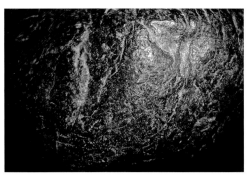

图2.6 蜡皮壳的矿物成分是利蛇纹石（或含柯绿泥石）

成分是利蛇纹石（或含柯绿泥石），蜡皮壳的翡翠由于含有皂石的成分，而使得皮壳具有滑腻感（图2.6）。通常行家可以通过皮壳颜色判断其在翡翠矿区的开采层级。

翡翠皮壳的分类命名主要是根据其砂皮特征，并结合玉石类型，运用形象比喻的方法来进行的。山石的皮壳，主要有糠砂皮壳、盐砂皮壳、泥砂皮壳三大类型，由于山石皮壳的矿物成分主要为白色的黏土矿物，故其皮壳颜色以黄白色为主色调。半山半水石和水石皮壳，多采用形象化比喻来进行分类命名，如土豆皮壳、腊肉皮壳等蜡皮壳，是一种比较特殊的皮壳类型。乌砂石皮壳，在矿区中赋存的部位较深，是以黑、灰色为主色调的各色砂皮壳，因其皮壳的矿物成分为绿黑色的柯绿泥石，故其皮壳主要呈灰、黑色调。

2.2.2 皮壳颜色是如何形成的?

在翡翠生长的表生地质阶段，翡翠因受地壳运动影响而风化使之从母岩体上崩落下来而形成砾石。后因受长期的埋藏作用，其表面的硬玉矿物发生水解而生成新的次生矿物，从而改变了翡翠的本来外貌（图2.7）。

白砂皮或黄白砂皮颜色的皮壳是如何形成的?当翡翠砾石被上面沉积物埋藏得不太深，且处于地下水面以上的氧化环境中，此时的水溶液呈酸性并有大量的游离氧存在，有利于氧化作用的进行。于是翡翠砾石表面的硬玉矿物便发生水解而游离出钠（盐基），并使一部分二氧化硅转入溶液，从而形成胶体黏土矿物——蒙脱石。而当钠（盐基）全部被剥离掉且二氧化硅进一步游离出来时，先前形成的蒙脱石再遭破坏而形成不含钠（盐基）的黏土矿物——埃洛石。如果硬玉矿物被彻底分解，其中的二氧化硅全部游离了出来，于是就形成了稳定的三水铝石。由于这些次生矿物皆以白色调为主，因而就形成了白砂皮或黄白砂皮等浅色调皮壳。

红皮壳是如何形成的? 黄砂皮、红砂皮的矿物成分是埃洛石和蒙脱石，是白砂皮或黄白砂皮壳因土壤颜色（三价铁元素的混入）浸染所致。

黑皮壳是如可形成的? 当翡翠砾石被上面沉积

图2.7 翡翠皮壳的颜色与环境和深度有关

物埋藏的深度不断加深（达数百米乃至千米以上），且处于地下水位之下的还原环境中时，其水溶液因游离氧的逐渐减少而从酸性转为碱性，而且环境的温度和压力也超过了常温常压，因而有低温热液活动相伴随。此时，翡翠表面的硬玉矿物不仅发生水解作用、水合作用，而且还会发生交代作用。在镁、铁元素的参与下，便形成次生的硅酸盐矿物——柯绿泥石。由于柯绿泥石的颜色呈绿色、绿褐色、灰绿色、绿黑色、灰黑色、黑色等，并随着二价铁的增多而颜色加深，因而就形成了以灰黑色、黑色为主色调的乌砂皮壳，也即黑皮壳。如果柯绿泥石生成的温度相对较高，并有外来物质（镁元素）参与时，其中就会出现一种叫皂石的成分，而使得皮壳具有滑腻感，因而所形成的皮壳也就称之蜡皮壳。蜡皮壳中的利蛇纹石是热液交代作用的产物，是因翡翠砾石的埋藏较深，地热温度增高，且有大量外来物质（镁）的参与才形成的。由于利蛇纹石生成较晚，因而蜡皮通常会附着在早期形成的砂皮壳上。

2.2.3 如何通过皮壳判断翡翠质量？

皮壳是人们识别翡翠的窗口。有经验的翡翠行家可以通过皮壳表面的各种特征反映判断翡翠内在的品质。皮壳表面的特征主要呈现在五个方面，行家称之为："翻砂""松花""藓"和"藓带""癣"。这五个特征正是识别翡翠品质的重要钥匙。

（1）翻砂　翡翠的皮壳表面通常会布满粗细不等的，像沙一样的东西，行家称为砂发。翻砂是指外壳表面沙子侧着光线看时一粒粒像站立起来的现象。翻砂粗与细是相对而言的，一般来说是细的好，沙细肉就细。翻砂皮壳的砂粒（晶）的点、面、线、匀、净、硬、泡、板、乱的特征表现可以判断出翡翠的地藏情况、种老程度、种嫩程度、均匀程度、干净程度、瑕疵程度等的情况，是十分重要的判断信息（图2.8）。

（2）松花　松花是绿色在翡翠皮壳上的一种表现形式，是由绿色的硬玉矿物经风化蚀变而来的次生矿物。因此，皮壳上若有松花，则表明皮壳之下或多或少会有绿色出现。松花在皮壳上的分布没有规律，有疏有密，有浓有淡，有鲜艳的绿色，也有干瘪的深绿色，或者泛黄的白松花。松花形状变化大，常见的有点群状，细条带状，发丝状。有一种松花表现很鲜艳，松花面积大，行内称之跑皮绿，一般切开后，内部没有多少绿色，不少初入行者因此赌输（图2.9）。

（3）藓和藓带　藓是指翡翠皮壳上的一些呈定向排列的矿物颗粒，因聚集成丛状而形成像草藓一般的小草丛，故而称为"藓"，其下可能有绿色出现。有些藓由于其形态像老鼠

图2.8 翻砂

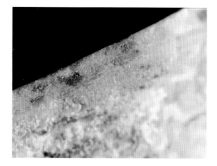

图2.9 松花

图2.10 莽和莽带

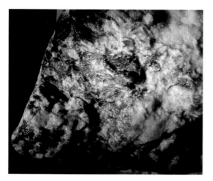

图2.11 癣

的脚印，故而称为"老鼠脚迹"。"老鼠脚迹"是乌砂皮壳上比较常见的一种莽。如果莽聚集成条带状，即可称之为"莽带"。对莽的认定主要不是看颜色，而是看砂发的形态。当皮壳上出现"小草丛"状或"老鼠脚迹"状或"粉丝"状的矿物集合体形态，且与周围有明显不同时，即可判定为莽。莽常分为色莽和种莽。色莽是指绿色的莽带，通常结构比较细密，抗风化能力强于种粗且无色的部分。随着时间的流逝，风化过程的作用，绿色部分便慢慢凸显于皮壳之上，形成了所谓的"色莽"。种莽是指在毛料的皮壳，种越好的区域，结晶颗粒越细，质地也就越好，即种好的抗风化能力强。随着时间的流逝，种不好的部分被风化得往下凹，相对的种好的部分便凸显于皮壳之上，形成了所谓的"种莽"。莽上如果有松花出现，就叫作"莽跑色"。跑色的莽其成色的概率非常高，最受赌石者的追捧（图2.10）。

（4）癣　癣本身就是翡翠的一种瑕疵，影响了翡翠的净度，降低了翡翠的品质，让人回避不及。然而癣却与翡翠的绿色有一定的关联性，即癣会喷色。从某种角度讲，癣（即黑色）是绿色的根，行话说绿随黑走。癣的矿物成分以角闪石和蓝闪石为主。在很多赌石实例中表明癣经常和绿是相互交代和复杂结合在一起的，又称癣夹绿。癣交代的越彻底，绿色出现的可能性就越小。反之，绿色出现的越多，癣的生发性也就越低。癣的存在就意味着翡翠有绿色的可能，因而行家对有癣的玉石总是趋之若鹜，对皮壳上的癣总是穷追不舍。癣之所以会有成绿色的可能，是因为癣的组成矿物角闪石中含有微量铬元素的缘故（图2.11）。

2.3 翡翠赌石：你所不知道的翡翠贸易变迁路

赌石的风险极大，这是翡翠行内的共识。但是由于有巨大财富增长的可能性存在，哪怕是千分之一的机会，还是引来无数"英雄"前仆后继地参与。

缅甸的翡翠虽然美丽，但缅甸的人民并不太接受和热衷于佩戴翡翠。原因可能是受缅甸文化的影响，人们更喜爱黄金等实用性的首饰，也可能是因为缅甸没有玉的文化，他们认为玉这种宝石与自己没有太多的关系，而现实中由于国家的落后、工艺的缺失，人民并没有太多的机会看到翡翠精品。翡翠原石一经开采就绝大部分出口。

20世纪70年代，最早的翡翠原石交易是在帕敢翡翠矿区举办翡翠原石拍卖进行的。后来迁到仰光由政府组织进行翡翠原石的拍卖，缅甸的瓦城则是当时的翡翠玉器原石和半成品的主要二手市场，这一时期有大量的东南亚华人进入这一行业，挣到了第一桶金。

20世纪80年代，泰国的清迈成为翡翠原石的集散地，原交易后再运到中国内地（大陆）和中国台湾以及中国香港进行二次交易。行内最资深的行家大多是这个时期进入翡翠行业的，不少中国台湾和中国香港的行家趁着本地经济的大发展，获得大量的财富。甚至有一大批台湾人民进入缅甸成为矿主。

20世纪90年代，缅甸仰光拍卖的翡翠原石，有部分进入中国的台湾和香港，有部分通过边境进入了中国的云南，在腾冲、瑞丽、昆明等地直接加工，这时期云南的翡翠市场得到了较大的发展。云南的翡翠行业伴随着去云南的游客向全中国发展，也给云南人民带来大量的就业和造富的机会，一大批国内行家真正开始涉足原石交易正是从这个时期开始的。与此同时，又有部分翡翠原石经香港进入广东佛山的平洲，使平洲成为国内主要的二次拍卖市场，直至今天。广东由于交通、金融、政策、人才等方面的优势，翡翠行业逐步向广东省转移。

2000年之后，国内翡翠行业得到快速发展。逐步形成了广州、平洲、四会、揭阳四个集散地，四会、揭阳、广州是主要的加工销售地，平洲是主要的原石二次拍卖地。翡翠行业给广东带来了数不尽的财富，让平洲这个小农村成了4A级风景名胜区，引来全国各类人才聚集。大大提升和促进了当地的经济。这一时期行业的从业人员大多是福建和广东人居多。

2005年，缅甸公盘由仰光迁到新首都内比都。大量的中国商人乘坐专机从广州、昆明、揭阳直飞内比都参与赌石。

2011年是翡翠公盘的高峰，公盘金额达200亿元人民币，也是翡翠价格的最高点，此后逐步降温。

2018年，揭阳进行了第一场翡翠原石拍卖，企图占领国内翡翠高端原料的二次拍卖市场（图2.12）。但效果不佳，亏钱者众多，财富在用自己的规则在翡翠原石交易中交替演绎。翡翠原石交易处在一个新的十字路口。

图2.12　揭阳2018年11月1日举办第二次翡翠公盘

缅甸公盘大事记

缅甸翡翠公盘自1964年开始举办以来，到2018年6月20日至29日止，公盘已举办了55届。以下是翡翠近十几年来大事记。

2005年，缅甸政府宣布首都由仰光迁至内比都，公盘也相应从仰光迁至内比都。中国人民收入快速增加，翡翠价格开始一路上涨。

2008～2009年，缅甸翡翠出产32000t，达到历史最高阶段，这时候的中国翡翠店铺数量大幅度增加。翡翠在中国成为大家谈论最多和最为喜爱的宝石。

2010年，缅甸翡翠公盘举行了三次，成交金额为190多亿元人民币，国内翡翠店铺数量持续增加，翡翠达到最为疯狂的顶峰。

2011年，缅甸政府军攻打克钦邦（缅玉之乡）。翡翠供应受到影响，我国由于受此事件的影响，翡翠市场开始出现萧条端倪，但是翡翠店铺数量还是持续增加，加入翡翠行业的人员持续大量涌入。

2012年，缅甸政府对翡翠全面封矿，当年度缅甸翡翠产量减少了10439t，翡翠公盘停盘。同时由于国内反腐等政策影响，我国揭阳、广州、平洲、四会、云南等翡翠市场异常冷清。

2013年，缅甸政府制定一系列优惠政策吸引外国人参与投标，但效果不大。6月公盘投放原石10300份，成交较多，但实际提货率不高。这一年国内翡翠原石及成品价格一路飙升，致使翡翠市场更加萧条。

2014年，缅甸国内政局动荡。6月公盘如期举行，参盘原料份数急剧下降，与此同时成交金额达到34亿美元的历史最高。而国内翡翠原石及成品价格持续走高。

2015年，在缅甸政府的饥饿营销策略下，翡翠原石价格持续上升，中国国内的翡翠价格已飙至天价。

2016年，参与翡翠公盘的人数逐次下降，翡翠的质量也大不如从前。成交数量下降，取货比例下降。

2017年，翡翠公盘的翡翠质量不高，公盘回来的石头切亏者比例增加。许多行家不愿进行成品加工，炒作翡翠片料，有价无市的情况严重。

2018年6月，缅甸翡翠公盘在内比都举办，本届公盘要求保证金由原来的5%提到10%。规定中标不提货将没收10%的保证金。公盘翡翠数量较多，但质量差，由于零售市场的销售低迷，本次公盘的结果依然是胜者寥寥无几。

历届翡翠公盘成交概况见表2.1。

表2.1 历届翡翠公盘成交概况

公盘时间		毛料数量	成交率	成交金额	中国玉商人数
2011年	3月	16926块	—	约200亿元	—
	6月	21500块		未公布	—
2012年	停盘	停盘	停盘	停盘	停盘
2013年	6月	10300块	—	约150亿元	约7000人
2014年	6月	7500块	—	约200亿元	约4200人

公盘时间		毛料数量	成交率	成交金额	中国玉商人数
2015 年	6 月	8943 块	—	约 30 亿元	约 2200 人
2016 年	6 月	6062 块	64%	37.5 亿元	1942 人
	11 月	5988 块	65%	23.53 亿元	1780 人
2017 年	8 月	6561 块	75%	40.14 亿元	—
	12 月	6685 块	—	—	约 2000 人
2018 年	6 月	6795 块	74.8%	3948 万欧元	外商约 2000 人
2019 年	3 月	7973 块	75%	4.74 亿欧元	2879 人

2.4 赌石技巧：学会这几招，赌石不至于输光

赌石是需要专业知识的，不少行外人由于好奇而纷纷投入到赌石中，几乎没有行外人赌石大涨的情况发生。根据多年经验，笔者总结了以下方法和技巧。运用好，就算你是外行，也不至于输得倾家荡产。

（1）观察结晶大小　一般来说，翡翠砾石粗皮料结晶大，结构松软，硬度低，透明度差，为翡翠之下品。细皮料结晶细小，结构紧密，质地细腻，硬度高、透明度好，其中，尤以皮色黑或黑红有光泽者为好。这种籽料行话称"狗屎蛋子"，多为翡翠的中上品。检测皮料结晶大小，常用蘸水法，是将翡翠砾石在水中蘸湿后拿出来，查看表皮上所蘸水分干得快慢。干得快者，说明其结晶粗大、结构松散、或裂纹孔隙多、质地差；反之，则说明其结晶细小、结构致密、质地好、硬度高、透明度好（图2.13、图2.14）。

图 2.13　翡翠砾石粗皮料

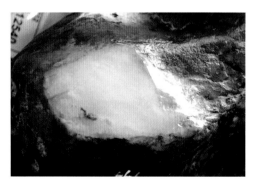

图 2.14　翡翠砾石细皮料

（2）观察颜色，特别是绿色 绿色的多少和色质的好坏决定着翡翠的品质和价值，因此，要注意通过观察砾石内部绿色部分在表皮上显露的种种迹象，推断其内部绿色的状况。绿色的多少，与绿色部分的形态和分布特点有关。翡翠中的绿色部分以呈团状和条带状集中分布者较有价值。这样的绿色显露于表皮时往往呈团状或线状，也有时会呈片状。当绿色在表皮上以大面积片状出现时多为表皮绿，其内部往往无绿；而当绿色在表皮上呈线状或团状时，特别是当表皮上露出的绿线呈对称分布时，其绿会向内部延伸，甚至贯穿整块砾石。行话说"宁买一线，不买一片"。翡翠的硬度高，抗风化能力强。因此，表现在外皮上，大多相对凸起，其他矿物则相对凹陷。行话又有"宁买一鼓，不买一瘆"的说法（图2.15～图2.19）。

图2.15 绿色在表皮上呈线状或团状

图2.16 一片颜色时颜色往往不深入

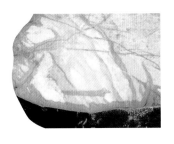

图2.17 绿色色根的穿透力往往可以从色的浓淡中判断

图2.18 整片绿色的表现往往难有渗透进入内部

图2.19 色根浓结的翡翠才有可能做成好的蛋面

（3）观察种水 一般只能通过开门子或薄皮部位使用强光照射，观察光线照入的深浅来衡量水头的长短，行内把光照进入翡翠3mm处称为一分水，光照进6mm和9mm称为两分水和三分水。光进入越深说明种水越好。观察种水要从石料的不同角度照射，以判断石料深处是否有变种的可能（图2.20、图2.21）。

（4）观察裂纹 除了观皮辨里、辨色外，在评估翡翠原料时，还要注意查看裂纹（又称绺裂）的发育情况。裂纹当然越少越好。一般采用强光压边照的方法对裂深进

图 2.20 观察种水要从石料的不同角度照射

图 2.21 观察光线照入的深浅来衡量水头的长短

行判断。裂线越清楚、越暗说明裂越深（图 2.22～图 2.24）。

（5）观察瑕疵 主要是观察杂筋、石纹、石花、杂色、脏点、翠性等，一般情况下，这些瑕疵越少越好，除非是用来制作怪庄特色的翡翠作品。常使用强光照射观察瑕疵（图 2.25～图 2.28）。

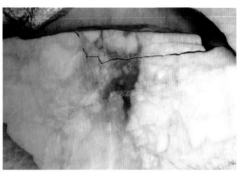

图 2.22 人用指甲可以感受到的裂纹一般会贯穿整体

图 2.23 裂纹多的原石价格要受到极大的影响

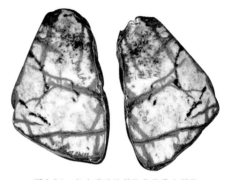

图 2.24 色迹明显的裂纹往往是大裂纹

图 2.25 杂筋、石纹常给人杂乱感觉

图 2.26 翠性明显的翡翠原石价值会受影响

第 2 章 翡翠赌石：猜猜看的游戏 **37**

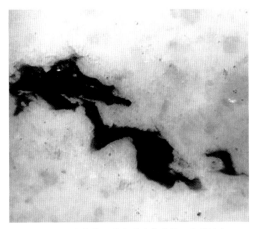

图2.27 脏点过多会极大影响翡翠的价值　　　　　图2.28 杂色和石花会影响翡翠原石的利用率

对于行外人，还需要注意以下情况（图2.29～图2.31）。

① 翡翠原石的表面经常会出现许多小的人工凿的凹坑，这大多是卖家发现原石内部有瑕疵后故意雕的。

② 常见大块玉石原料上开个小窗口，往往这是内部种色效果不佳的表现。

③ 有的开天窗的片料不完整，缺少一部分，这种料很可能是卖家故意把好的部分收起，把差的取出来销售。也有可能一部分做成成品后效果不佳，而把余下原石售出。

④ 有的开窗部位的绿色是镐状的断口，用灯照射后，里面很绿，但奇怪的是，窗口部分没有抛光，这极有可能是由于其中的裂纹太多、水不好、绿内夹黑或绿不正等原因而采取的方法。

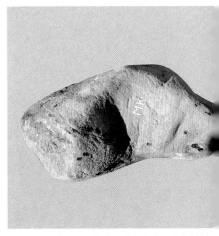

图2.29 只有一片的翡翠原料　　　　图2.30 经过人工处理过的表皮和颜色　　　　图2.31 故意开凿许多小天窗的原料

2.5　翡翠密语：透过盖子看到的世界

翡翠原石的交易，按风险大小通常分为三种：一是赌蒙头料，是指赌砾石原来的样子，赌性比较大，不确定因素很多，只能通过皮壳表现来推测内部情况；二是半赌，也就是开天窗或者切片的，行家称盖子或门子，赌性中等，直接可以看到翡翠的部分。这是目前标场的主要原石特征；三是明料，没有皮壳，大部分已切成片料，直接可以加工，颜色和种水底质均比较清楚，主要是赌裂，赌瑕疵。

由于目前市场上的主流是赌开盖子或门子的原料，本节将重点讲一下如何透过已开的天窗去判断内部翡翠的情况进行赌石。

首先我们必须清楚地认识两点。一是翡翠卖家一定会在认为最多绿、最少裂、最好种等最能体现价值的地方开天窗或者切片。二是翡翠的表面并不代表内部，不能认为翡翠的内部与表面是一样的，甚至全部是表面的样子。

那么如何通过有限的盖子去判断内部呢?

2.5.1　通过翡翠的雾判断种质是否够老

雾是指翡翠的皮（已风化或氧化）与翡翠内部（无风化或氧化）或称肉之间的一种半氧化的一个过渡带。通过雾的特征可以判断翡翠种质的老与嫩，进而了解翡翠的内部品质。从颜色上看，黄雾、白雾比较好，红雾、黑雾比较差。同一种雾色的好与差，还取决于雾色的深浅、浓淡及纯净度，但更主要的还是取决于雾层的宽窄、厚薄、疏密等形态特征。

白雾的好坏主要看雾层的厚薄，雾层越薄越好。厚层白雾的种质一定很差，而薄如蝉翼的白雾往往会出现玻璃种翡翠。尤其是当出现"白糊"时，常会出现种很好的甚至起荧光的翡翠，石灰皮壳的玉石通常就会有"白糊"出现（图2.32）。

黄雾一定是比红雾好。红褐色的雾和黄雾本属同一系列的雾，红褐色的雾的出现是由于翡翠种质相对较嫩，结构疏松，浸入的矿物质相对较多，其雾就深而偏红、偏暗，甚至会浓

图2.32　薄如蝉翼的白雾往往会出现玻璃种翡翠

图 2.33　红褐色的雾是因为翡翠种质相对较嫩　　　图 2.34　黄雾皮壳的翡翠种质相对较老　　　图 2.35　黑雾皮壳肉质相对比较差

如牛血（图 2.33）。而黄雾则因翡翠种质相对较老，结构相对致密，浸入的矿物质少，其颜色就显得比较浅，偏黄雾色淡而纯净、不含杂质、色泽鲜亮的黄雾属于好雾，其种质比较老。例如水酒黄雾和蜜黄雾即是，尤其是水酒黄雾一直受到行家的追捧，它多出现在糯种翡翠中（图 2.34）。黑雾皮壳肉质相对比较差（图 2.35）。

　　总的来说，不管是何种颜色的雾，其雾色越浅、越薄越好。若雾层薄而密集，雾色纯净无掺杂，雾与玉肉的接触界线平直而清晰，即是好雾，相反则是差雾。

2.5.2　通过裂的表现判断内部变化

　　盖子能看到的裂已经是内部的裂，有的裂是会深入进去，有的裂只是表面的小裂。纵观缅甸的玉石场口，以种、水而言，底层石比头层石好；黑皮玉比红、黄皮玉好；黑皮玉的裂比红、黄皮玉多。以下是几种裂的变化，供参考。

　　（1）水石的裂堑为最少　　水石以小堑或碎堑居多，大堑相对较少，一般不会出现"通天堑"。而且皮壳上的裂堑一般不会进得很深，甚至不会进。这是由于翡翠经过流水的长期冲刷、搬运以及与砾石之间的相互碰撞之后，凡是有大裂的或裂堑比较发育的玉石都容易发生崩解，而留存下来的水石其裂堑也就比较少了。

　　（2）红、黄砂皮壳翡翠的裂堑相对较少，黑皮壳玉石的裂堑相对较多　　这跟它们所处环境有关，红、黄砂皮玉石通常产于含泥土较多的泡石脚层中，泥土犹如"海绵"一般，起到了防震缓冲的作用，从而减缓了翡翠所受到的冲击力，于是翡翠所产生的裂堑也就相对少了。而黑皮壳翡翠则是产于泥土极少的铁（硬）石脚层中，翡翠与砾石受力后会硬碰硬地相互撞击，于是就容易产生较多的裂堑。

　　（3）白砂皮壳翡翠的裂堑相对较少，尤其是碎堑很少　　这与其特殊的结构有关，因为组成白砂皮翡翠的硬玉矿物晶体多呈长柱状或纤维状。而且其结构多为毯状交织结构，因而具有较强的柔韧性。在抗击构造应力和其他机械外力的过程中，它表现出了“宁屈不折”的特性，因而翡翠受力后所产生的裂堑当然也就相对较少。

（4）种差的翡翠其裂较少，种好的翡翠其裂较多　这是因为种嫩的翡翠，其结构相对疏松，具有一定的韧性，当受到外力作用时，就会有一定的压缩空间，因而产生的裂堑也就相对要少。而种老的翡翠，其结构致密坚硬，刚性强，且具有一定的脆性。因此，当其受到外力作用时已无空间可以退让，从而会发生强烈的刚性变形，于是翡翠便会出现较多的裂堑。因此，面对裂堑并不能简单地放弃，有可能裂堑正是种质好的表现。比如说，有一些冰味很足的翡翠玉料，在其切口上有时会出现一些形如指甲痕迹的小碎堑，通常被称为“指甲裂”或“崩瓷绺”。这其实是老种翡翠的一种提示。

（5）裂堑在皮壳上早有提示　地质学上有一个“逢沟必断”的原理，因此，如果皮壳上出现沟、槽，或有“搓衣板”“阶梯状”现象，或皮壳上出现明显的高低不平或颜色相对深的线形纹路等，这些都是裂堑在皮壳上的表现形式。如果皮壳比较光滑平顺，没有高高低低的现象，或者没有深色的线形纹路出现，则玉料存在裂堑的可能性一般就比较小。

一块有裂隙的绿色翡翠的开采和雕刻过程如图2.36所示。

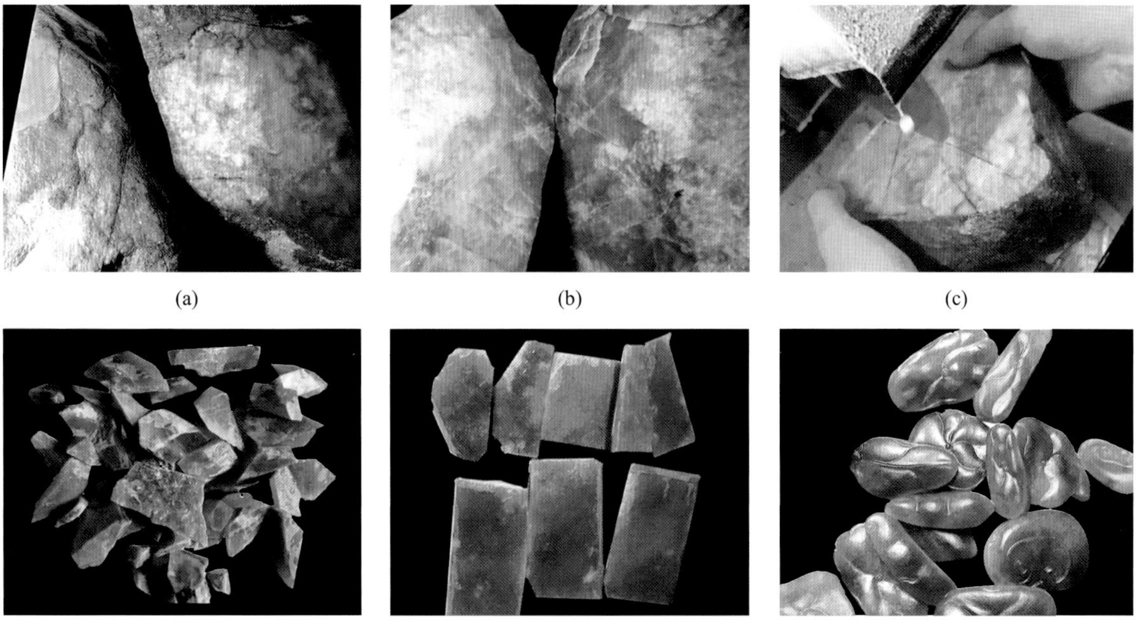

(a) (b) (c)

(d) (e) (f)

图2.36　一块有裂隙的绿色翡翠的开采和雕刻过程

图2.37 判断翡翠内部棉的净度往往通过强光和肉眼
进行观察

2.5.3 通过棉判断内部的净度

有盖子的翡翠，可以通过强光和肉眼进行观察，凡是粗糙且透光性差的部位，就可能是棉（图2.37）。棉是否深入则需要结合皮壳进行判断。皮壳上如果出现蜂窝状的凹坑，或砂发粗细、大小不均，并出现相对粗大而疏松的团块或斑块。这些都有可能是翡翠有棉的重要提示。

棉分为活棉和死棉，两种棉对翡翠的价值影响极大。"活棉"是指呈淡的云雾状的白棉，抛光后显露无遗，比较容易观察，而在未开口的玉料上就不十分清晰，多呈渐变关系，没有"渣性"。开了口但还未抛光的玉通透性好，在灯光照射下棉能够化得开。"活棉"往往要在助罩灯下仔细察看，凡是粗糙且透光性差的部位就可能是棉。棉的存在有时会显示翡翠的种质相对较好。活棉相对易化开。"死棉"是指呈豆渣状、甘蔗渣状的棉或石脑。原石大但抛光面却很小时，就应该怀疑玉料"渣性"十足，在灯光照射下，棉也不会化开，属于严重瑕疵。死棉对翡翠的价格影响很大。

2.5.4 通过色的表现判断内部的颜色多少

对于卖家，一定会尽可能让你看到有色的部位，但是色是否有进入翡翠内部，这才是赌石的重点。一般情况，行家会从两个方面研究。一是看场口。不同场口翡翠颜色进入的概率是大不相同的。就色而论，若与帕敢玉相比，会卡玉的色会翻一色，后江玉的色会翻两色，而南其玉的色则能翻三色。会卡玉石比较硬，种比较老，而南其石则起货好。后江石的色会翻，"见色涨三分"，石头上看是7分色，起活后会变浓为10分色。因此，购买后江石宁可"买淡不买浓"，切记不可买足色的。南其场口的玉石虽然小，但质量却比较好，玉石上的色往往会翻。这就是南其石为何被行家普遍看好的缘故。二是综合松花和莽带进行判断。莽带可以分为白莽、带莽、丝丝莽、半截莽松花、卡三莽。白莽和翡翠原石的颜色不同，白莽不仅仅会出现在白皮壳的原石上，还会出现在黑皮壳的原石上，就是像鼻涕一样依附在皮壳上面，这类石头赌涨概率是非常大的。带莽就是缠绕在翡翠原石像是绳子一样，这样料子里面的色往往都是比较正、阳的。如果还有松花，涨的概率就会非常大。卡三莽是我们可以在翡翠原石皮壳上看到凹凸不平的表现，翡翠原石的皮壳也是一边薄一边比较厚，如果莽带已经成为膏药状，里面的含翠量就会很高（图2.38）。

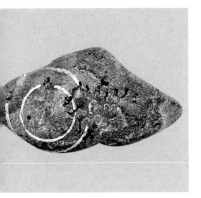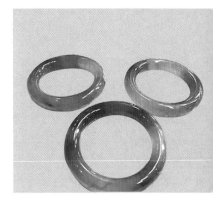

图2.38　综合松花和莽带是翡翠原石判断最重要也是最难的部分

松花就是翡翠内部绿色在皮壳上的表象。通过盖子的颜色主要要观察松花的浓淡及明暗、松花的质地、松花颜色是否有黑点、松花渗透的深浅如何。重点是要判断出松花的表现和类别，进而判断翡翠内部的颜色表现情况。松花的主要表现形式有以下几种，它们透露的翡翠颜色的走向各不相同。

（1）带形松花　简称绿带子。松花如带形缠绕在石头皮壳上，时粗时细，时断时续。一般色在带子上、其他部位很少有色。

（2）点形松花　松花在石头皮壳上呈点状，一般切开后表里如一，不会有大的色块或色根存在。

（3）丝形松花　松花在石头皮壳上呈丝状分布。如果生在水头好的石头上，价值就高，因为几丝绿色就能把整个石头衬绿，若盖子上有表现，也有可能色会进入翡翠内部。

（4）包头松花　这种包头松花我们又把它叫作包头绿，就是松花密集包绕在翡翠砾石皮壳上的一角，一般来说，这种包头松花的大小决定了翡翠内部绿色的大小，这种松花一般来说不会往内部吃太多。

（5）卡子松花　松花如卡子卡在石头皮壳上，色在卡子上，表如其里，一般其他部分不会有色。

（6）蚂蚁松花　松花如同一队蚂蚁爬在石头皮壳上，弯弯曲曲，断断续续，一般表如其里。

（7）霉松花　指松花不鲜艳，有发霉感觉的松花，各种形状都有，赌垮的多，赌涨的少，属赌相不好的松花表现。

（8）毛针松花　形状如松毛，从里往外翻有黄有绿，容易藏有高绿和满绿，是一种好的松花表现。

（9）椿色松花　松花颜色呈紫色和椿色，又称紫罗兰色。如果是椿夹绿，翡翠内部也会有表现。但一般"有椿色死"。特别是"白蜡椿"的翡翠，不论外表绿色多好，内部几乎不可能出现绿色。

（10）爆松花　指皮壳上松花面积大，色鲜而薄，但里边会无色、水短、色偏。这是一种反常现象，行业内把这种现象称为绿跑皮，也叫爆松花。

总而言之，公盘上玉石的解口有大有小，盖子有厚有薄。有的紧贴皮壳切；有的从中间一破两半；有的专门为找色而切；有的是尽量切出好的地子或避开裂莛。有绿的解口因是冲着绿色而来的，因而解口的大小和盖子的厚薄皆由皮壳上松花、莽、癣的表现特征来决定。有的货主将玉石的解口切得比较小，主要是因为靠近皮壳的玉肉种质相对较好，货主要让人误以为整块原石都种水很好。因此，透过盖子判断翡翠的质量，是需要多方面、多层次的判断和分析才能做出相对准确的判断，唯有掌握了赌石的基本原理，提高了赌石技能，才能够在复杂情况下做到心中有数。

2.6　赌石误区：赌石最易掉入的陷阱

行外人经常会听到某人因赌石赢得极大的财富，成为千万富豪，因此许多人都对翡翠赌石兴趣盎然，总感觉自己在事业上的成就和好运气会延续到翡翠上。因而轻易参与翡翠赌石，结果可想而知。以下总结的是赌石误区，给想从事这一行业的爱好者参考。

误区一：凭感觉猜价格。赌涨是指做出成品售价超出原石的价格，而不是超出自己设定的预期价格，所以没有制作成品经验的专家，赌石基本是在猜价格，是很难中标的，也很难赌涨的。

误区二：以为用强光灯观察到的色和透明度就是成品的效果。颜色和种水在灯下的表现均会大大超出实物的情况，没有观察过大量颜色和种水比较的玩家是无法准确把握的。

误区三：仅依靠场口和皮来赌石很危险。若没完整的制作成品经验，一上来就研究场口和皮壳特征是没有实际意义的。若连成品的价值都不懂，是很难准确评估原石价格的。

误区四：蒙头料机会大。大多数赌原石大涨的故事都会被广泛传播，其中有相当一部分是商人用来骗人的故事。成品能出豆种或糯冰以上的材料才能有实际的商业价值。而这个级别的料子仅占翡翠的20%不到，价格不可能低。许多游客在旅游时会参与蒙头料的赌石，几乎是不可能赢的。

误区五：在私下赌石。一般的赌石玩家，不会在公盘以外的地方赌石。因为只要有价值的翡翠原石基本上都会放在公盘让所有的人拼价，特别是国内的公盘。在公盘之外的地方占到便宜几乎是不可能的。

误区六：用作摆件的思维计算投标价。一般投标会使用手镯和坠子的价值来计算投标价，若是使用摆件来计算，由于内部的变化莫测，极有可能会出现不完整的作品呈现，会影响产出的价值判断。

误区七：水长就是冰。强光照射下水长的原石不见得就是老种的材料。水长是硬玉成分居多，色淡、裂少、无杂质、嫩糯都可以水长，材料是否够冰还是要看皮壳表现是否紧、是否脱砂、苍蝇翅是否细。

误区八：发黑就是种老。细糯以上无色玉肉的石头开口就发黑了，不一定是种老才发黑。原因是光线穿透进去反射不出来而已，把皮全剥了就能清楚判断。

误区九：开鱼鳞窗就是好表现。天然的鱼鳞窗是很少的现象，人工开鱼鳞窗比雕刻还难，明明一刀可以切平的天窗，为何非要开鱼鳞窗呢？这种情况大多是卖家"心里有鬼"的表现。

误区十：进行大概估价。投标时，有些行家会以手镯来进行估价，然后把手镯芯的价格作为利润进行计算投标。这样估算下来的投标价格往往会没有空间，利润不足以去覆盖原石变化产生的利润侵袭，导致亏钱。专业的行家是要把所有的可能性和风险均计算在内。正常按照"1：5"的原则价格购买原石才能有胜算。

2.7　赌石原则：行家的经验全在这

赌石的成败，除了经验和技能外，还需要很大的运气。由于赌石是买卖双方的博弈过程，基于前面对原石的理解和分析，从原石表现特征的角度，总结了一般翡翠行家会追涨的原石特征。笔者总结了"十买原则"，供大家参考。

2.7.1 翡翠原石"十买原则"

（1）十大九不输　大件的翡翠有更多的可能性，一般情况下，只要不出现大的误差，输的概率相对就会小很多（图2.39）。

（2）要有雾，起货高　雾是证明翡翠原石内部杂质少的重要依据，是判断种老和水头优劣及纯净程度的依据。有雾说明翡翠原石的硬度高、种老。

图2.39　翡翠赌石大就意味着有更多的可能性

（3）买一片不如买一线　对于绿色的原石往往一片的颜色只会出现在表面，而一线的颜色则往往有可能深入到翡翠内部，而产生意想不到的效果。

（4）翻砂细要追　一般来说有翻砂的材料都要关注，特别是细翻砂，大多肉细（图2.40）。

（5）莽上有松花必追　莽上有松花出现，就叫作"莽跑色"，也叫作"将军带"，这样的材料色入内部的可能性很大，是绝不能放过的机会。

（6）有癣是机会　有癣存在就意味着翡翠有绿的可能，对皮壳上的癣要认真评估，因为癣的组成矿物角闪石中含有微量铬元素，极有可能夹着绿色存在。

（7）宁赌大裂不碰碎裂　大裂的翡翠做成成品的可能性比碎裂翡翠要大很多，价格也相对有弹性，小裂多完全是挣技术钱，搞不好还会亏钱，因为能做的货实在太少（图2.41）。

（8）底净水长很难得　水长底净的料，只要不变种都要追，这种货做成成品起货高，有空间。

图2.40　细翻砂的翡翠起货效果好

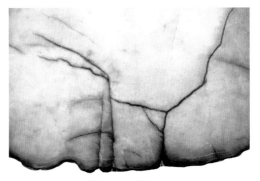

图2.41　大裂好起货

（9）赌明不赌蒙　一般大切口的材料都是比较明的料，赌的是出成品的品质，不至于有大输大赢的情况，但只要经验到位，计算精确，挣钱是没有问题的，但蒙头料则完全是凭运气，变数太大。

（10）好场口赢率高　木那、后江等著名场区出来的原石，起货较好，遇到不轻易放弃。

以下笔者总结了"十不买原则"，供爱好者参考。以下特征的翡翠原石行家则认为更具赌性，给价更加保守，基本不碰。

2.7.2　翡翠原石"十不买原则"

（1）场口不对不买　差的场口，再怎么表现好，也有可能会输，因为其形成环境使然。

（2）蒙头料不买　所有的翡翠原石均是经过无数高手看过，只要有好表现的均已开口，完全蒙头料的说明内部材料不太理想，所以不鼓励赌蒙头料。

（3）小天窗不买　小天窗的翡翠基本与蒙头料差不多，能开大口增值，卖家不会开小口的。这本身就已经说明有问题了。

（4）种水差的不买　种水不好的翡翠，品质不佳，起货一般不高。没有赢利空间，不赌（图2.42）。

（5）底脏差的不买　底脏差的翡翠能利用的料受到很大的限制，起货质量不高，也会影响销售（图2.43）。

（6）裂纹多的不买　裂纹多是因为翡翠形成过程受到各种外来压力而造成的，翡翠有裂很正常。但裂纹多则说明可利用的材料和可能制作的题材将会受到极大的限制，影

图2.42　种水差的翡翠原石晶体稀松

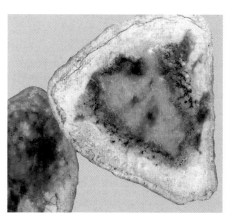

图2.43　底脏差的翡翠原石取料难

响销售（图2.44）。

（7）形状不好的不买　形状不好的砾石说明原石没有经过充分的碰撞和迁徙过程，一般历尽沧桑的原石均是经过大量的碰撞，形状较顺。形状不好就有可能存在肉粗的情况。

（8）玉石泡（油）水里的不买　卖家把原石放在水中或注油的原因通常是材料结晶粗而选择的掩饰手法。

（9）小敲口的不买　市场上往往会出现许多小敲口的原石，小敲口的主要目的是为了掩饰内部的棉和脏，有些则是开窗后发现有问题再进行处理成小敲口的（图2.45）。

（10）棉絮多的不买　无论活棉还是死棉，棉的存在均会影响材料的品质和题材的选择，一般高档、有价值的货不允许有太多的棉絮存在（图2.46）。

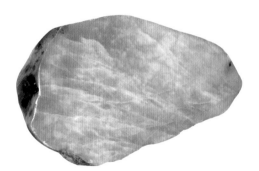

图2.44　裂纹多不好取料

图2.45　小敲口的翡翠原石大多是原石
不够理想的征兆

图2.46　棉絮多的翡翠出货效果差

第 3 章

翡翠雕刻：玉不琢不成器

翡翠雕刻是翡翠获得新生的第一次机会，同一块原石在不同雕刻师的手上会有完全不同的命运，也会产生完全不同的价值。本章将对翡翠雕刻的技法和评价进行探讨，一起来揭秘翡翠雕刻中的奥妙。

3.1　翡翠雕刻：国内优秀的玉雕门派都有哪些？

翡翠的雕刻是在白玉玉雕基础上发展来的。明清时期，主要有京师、苏州、扬州三大派系。随着时间的推移，每个地方对玉雕的技法和表现形式逐步改进，形成了自己的风格，然后又演化成各自的流派，形成了北派、海派、南派、杨派为主流的四大派。20世纪90年代后随着翡翠大量进入我国，不少木雕和白玉雕刻等相关行业人员进入翡翠行业。至今形成翡翠雕刻百花齐放的局面。

翡翠加工最为重要的聚集地是广东和云南两省。

3.1.1　揭阳工

揭阳的翡翠大多属于中高档产品，工艺是翡翠界中最为精良的。特点就是"精"。体现在追求作品的完美精致，追求细节到位的精细，追求调水和效果的精严，揭阳主要雕刻小件饰品（图3.1）。

3.1.2　平洲工

平洲一直以手镯加工著称，由于原石拍卖地的便利，近几年有不少工艺师从其他地方迁入平洲办加工厂，并逐步形成风格和特色。总体工艺比较精良，具有较强的创新雕刻意识，雕刻复古图腾风格、花草诗意主题风格在市场上有一定影响力（图3.2）。

3.1.3　四会工

目前四会有大部分的雕刻师傅来自福建莆田。于是四会工汲取了福建地区石雕和木雕的技法，走的是"小、快、灵"的路线。重点制作把玩和摆件，近年来饰品类有所增加。所谓"小"是指加工成本，四会工走平民路线，成本优先。四会工追求的是神似，但是在细节上则能省就省了。所谓"快"是指加工速度快。所谓的"灵"是指加工的灵活和成品的灵动。四会工主要雕刻摆玩件，材料相对较差，工艺总体较粗糙（图3.3）。

3.1.4　瑞丽工

瑞丽工由于原料的丰富和区位优势，使得在雕刻形式内容上较传统工艺有了非常大的突破。工艺的特点主要有以下几个方面：一是题材丰富，风格独特。瑞丽工在人物上

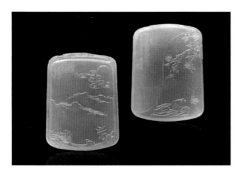

图3.1　揭阳工工艺精致细腻

图3.2　平洲工具有较强的创新雕刻意识

图3.3　四会工主要雕刻摆玩件

不拘泥于观音佛公，在花件上也不拘泥于花鸟虫草瑞兽，大大丰富了翡翠的体量。二是加工大气。得益于原料的供应充足，做大件一般都很有腔调。三是浑然天成。这是瑞丽工最重要也是最有特色的地方。瑞丽工几乎覆盖了所有品类的翡翠。王朝阳是"瑞丽工"的代表之一，如图3.4所示为他的作品《祝福》。

图3.4　王朝阳作品《祝福》

图3.5 大气、华贵、稳重、雄浑的京派工作品

除去四大主要聚集地，在全国还有一些原来制作白玉工艺转行的雕刻师，形成了以下几个区域性特点。

3.1.5 京派工

京派工也称宫廷派，以宫廷风格为主，大气、华贵、稳重、雄浑。翡翠雕刻有庄重大方、古朴典雅、国韵文风等特点，简约中透着稳重，雄厚中体现皇家风范，气度中流露出对国学传统的一脉相承（图3.5）。

3.1.6 苏扬工

苏扬工的特点是底蕴深厚，具有古典韵味。一般采用一面浮雕和一面阴阳雕刻的方式。浮雕作品线条流畅，用刀稳健，线条深浅勾勒自如，可赋予浮雕图像很强的立体感。

3.1.7 河南工

河南工以质地优良、设计新颖、工艺精湛、做工细腻、造型逼真、栩栩如生而驰名中外。从作品的风格上讲，河南工博采南北之长，既有京津派的雄浑豪放，也兼具苏扬派的婉约细腻。造型生动逼真、雕刻精细入微，从而形成自己独有的中部风格。

3.1.8 海派工

海派工集中于上海及附近地区，讲究做工细腻，精雕细琢。主要有三个特征：第一，器皿精致，主要以仿青铜器为主；第二，人物、动物等造型生动传神；第三，雕琢细腻，造型严谨，风格庄重古雅。

如图3.6所示作品，豆种黑带绿翡翠创作，因材施工。

3.2 雕刻工艺：从切磋琢磨到精雕细琢

翡翠雕刻，简单来说就是体现在削减意义上的雕与刻。深入来说，就是雕刻师要由外向内，逐步地去除废料，渐渐地将雕件形体发掘凸显出来的技艺和手段。几千年来，

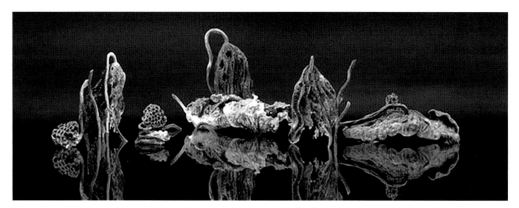

图 3.6 于丰也作品《了》

经历过代代雕刻师的传承和发展，玉雕的技术日臻完善。翡翠雕刻也从之前纯属手工的切磋琢磨，发展到由最为先进的机器，甚至是运用激光和 3D 打印机进行加工的一门雕刻艺术。常用到的雕刻技法有圆雕、浮雕、透雕、阴刻、活环链雕、巧色、俏色、分色等。

3.2.1 圆雕

圆雕又称立体雕，具有三维空间，它要求雕刻者从前、后、左、右、上、中、下全方位进行雕刻。由于圆雕作品极富立体感，生动、逼真、传神，所以圆雕对翡翠的选择要求比较严格，从长宽到厚薄都必须具备与实物相适当的比例。圆雕一般从前方位"开雕"，同时要求特别注意作品的各个角度和方位的统一、和谐与融合，这样圆雕作品才经得起观赏者全方位的"透视"效果（图 3.7）。

3.2.2 浮雕

浮雕是在平面上雕刻出凹凸起伏形象的一种雕塑，是介于圆雕和绘画之间的艺术表现形式。浮雕的空间构造可以是三维的立体形态，也可以兼备某种平面形态。既可以依附于某种载体，又可相对独立地存在。根据图像造型、脱玉深浅程度的不同，又可分为浅浮雕和高浮雕。浅浮雕是单层次雕像，内容比较单一；高浮雕则是多层次造像，内容较为繁复。浮雕的雕刻技艺和表现体裁与圆雕基本相同（图 3.8）。

3.2.3 透雕

透雕也叫作镂雕，透雕工艺是穿插于圆雕工艺和浮雕工艺中的一种特殊工艺手段，即雕空、镂空、挖空，刻意去掉形象以外的虚体部分，使器物形成通透、灵动的空间感。透雕工艺使形象清晰，具有玲珑剔透的效果（图 3.9）。

图3.7 圆雕作品极富立体感

图3.8 机器与手工配合制作的浮雕作品

图 3.9　透雕工艺使作品更具生命力

图3.10　阴刻讲究的是刀法笔意和笔触之韵

3.2.4　阴刻

阴刻工艺是指用雕琢工具，在玉料玉器的雕刻面上刻画琢磨出凹入此雕刻面的点、线、面，从而表现出线条、字体或画面的一种雕刻工艺方法。较之阳线雕刻，阴线雕刻难度更大，讲究的是刀法笔意，走刀行云流水，线条峰回路转，既有雕琢之意，又显笔触之韵（图3.10）。

3.2.5　活环链雕

活环链雕其最初源于玉石的钻孔技术，后随着技术应用的广泛，开始出现了套环工艺。活环链对原料的要求也很高，要求要质细性坚，纯而无裂。而且为了保证环链的完整性，一般都会选用体积较大的原料。它的制作分为起股、掐节、活环、脱环、修整几个步骤（图3.11）。

3.2.6　巧色、俏色、分色

巧色是指利用翡翠本身的颜色，巧妙地遮住瑕疵，或者将其表达出来，有一种独特的美感。俏色是在巧色基础上发展起来的，突出将翡翠的颜色鲜艳之处"俏"出来，既保留了翡翠的固有颜色，还将其鲜艳之处，灵活地展现出来，让颜色更加突出鲜明，有画龙点睛的作用。分色是指在俏色的基础上，再把不同的颜色部分分开，自然连贯，达到分色的视觉效果（图3.12）。

图3.11　活环链雕对原料和工艺要求很高

图 3.12 作品《地藏王》巧妙地运作俏色

3.3 雕刻工具：看似低端的工具却做出令人赞叹的美物

翡翠行业是一个比较传统的行业，在没有电动工具之前，主要是使用铊机、水凳和一些简单的工具制作，电动工具出现之后，翡翠行业的加工效率有了很大提高，但相比高科技的行业，翡翠的雕刻和制作工具几十年几乎没有变化，相对传统。但正是这般传统的工具，依靠人的创造力和想象力，创作了无数令人惊叹的经典作品。以下简单介绍一下翡翠制作过程中使用的主要工具。

3.3.1 锯切设备

锯切是玉雕的重要手段。将大块玉料切割成合适的块度，将玉料切出基本雏形都必须使用锯，雕琢过程中一些技术也需要锯，如按透雕琢等。锯片分为圆盘锯、带锯和线锯。

圆盘锯是指用电动机带动金刚石圆形锯片的切割玉料的机器。分大型、中型和小型开料机，人造金刚石锯片最大直径1200mm，小的锯片直径200～300mm。大型开料机多采用800～1200mm的锯片，可以切割1000kg的玉料；中型开料机锯片直径500～700mm，可以切割1000kg以下的玉料多用来切割较厚的片材；小型机器锯片多在300～400mm，主要切割10～100kg的玉料。锯料时锯片必须要用水或油冷却（图3.13、图3.14）。

带锯和线锯使用较少，这里不做更细介绍。

图3.13 常用大件翡翠锯切机器　　　　　图3.14 常用小件翡翠锯切机器

3.3.2 磨玉设备

磨翡翠包括轮磨、擦磨和砂磨。轮磨就是利用砂轮机，装上砂轮、砂纸或金刚石锯片等工具磨削玉件，锯片在这里主要起到磨削作用，翡翠加工必须经过轮磨。擦磨主要是用人造金刚石磨头对翡翠进行摩擦，磨平玉胚上沟壑，使玉件光洁平滑。砂磨就是利用砂粒磨掉翡翠表面较粗的划痕，为翡翠抛光奠定基础。

轮磨和砂磨设备比较简单，分纵轴和手持或软轴磨机。

纵轴磨机就是将磨盘、磨头平放，主要用于磨较大面积的翡翠，如磨大的摆件底座时采用纵轴磨机比较方便。磨制翡翠蛋面时多采用这种磨机，通常需要配有夹黏翡翠蛋面的八角手（图3.15）。

手持磨机和软轴磨机主要用于大件玉器的雕琢。重量大的翡翠用手托着雕琢十分困难，必须摆放在工作台或地上用可移动的电动工具加工，软轴磨机就是非常有用的雕琢机器，这种磨机的电动机可以悬挂起来，通过软轴带动夹具上的磨具对翡翠进行雕琢。软轴前端为机柄，机柄通常装有多瓣夹具，可以根据雕琢需要更换打磨工具，甚至可以进行抛光（图3.16）。

图3.15　翡翠雕刻常用的纵轴磨机　　　　　　图3.16　翡翠雕刻常用的手持磨机或软轴磨机

3.3.3　钻孔设备

钻孔方法有机械钻孔、超声波钻孔，还有激光钻孔。

（1）机械钻孔过去采用所谓的砂钻　台钻上用钢丝作钻头，钻孔时加入砂浆，这样的钻孔往往不正，现在用人造金刚石钻头，效率有所提高。一些薄片翡翠用玉雕机或软轴磨机配人造金刚石钻头就可以钻孔。大的翡翠钻孔成玉炉、玉碗、玉锁等套芯，则需要在台钻上用管钻或人造金刚石钻头加工。

（2）目前使用较多的是超声波钻孔机　利用大功率晶体管组成振荡电路，使电磁能转换成机械能，产生往复式的振动，让磨料运动起来穿孔，超声波钻孔又快又好，孔径可以非常细小，且平直。

（3）激光钻孔更为先进快捷　激光就是电能转变为光能而生成的光束。利用激光光束具有能量高度集中、方向性好、聚焦点微小等特点来加工翡翠。激光钻孔速度快，操作简单，尤其适合钻精密的小孔。

图3.17　市场上常用于压钻翡翠手镯的机器

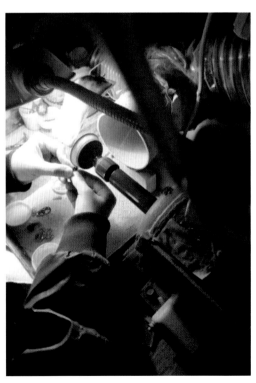

图3.18　翡翠横轴抛光机

如图3.17所示为市场上常用于压钻翡翠手镯的机器。

3.3.4　抛光设备

抛光需要的机器比较简单，多采用横轴和立轴抛光机进行抛光。一般来说，抛光机转速要求在400r/min以下。如图3.18所示为翡翠横轴抛光机。

3.3.5　辅助工具

辅助工具有磨料、辅料、抛光粉等。辅料，通常是指除去翡翠材料之外必须使用的各种材料。磨料是指硬度很高，能对各种翡翠材料起到磨削作用的粉状材料，可分成天然磨料和人工合成磨料。用于抛光翡翠材料的抛光粉常用的有氧化铁、氧化锆、氧化铝、天然钻石粉等。

3.4　巧雕技艺：一巧二俏三绝

翡翠的颜色、种、水、裂棉等变化很大，造成了翡翠雕刻区别于白玉雕刻最大的特点就是巧雕。巧雕也使得翡翠造型更具有各种可能性，变得更加惟妙惟肖，多姿多彩。

翡翠的巧雕，主要就是在颜色、形体、材料、工艺和意义上做文章。

色巧就是巧妙地利用翡翠材料和颜色变化创作作品，分为俏色、分色、巧色。通过对颜色的动用，使得翡翠更加具有情趣和生命力（图3.19）。

形巧指的是由于翡翠的材料变化大，可创作和运用的空间大，可以通过形体的有效运用，呈现具有特定艺术形象的造型美（图3.20）。

艺巧指的是通过各种镂雕、圆雕、阴阳雕、活环、弹簧刀等雕刻工艺的运用，达到巧夺天工的奇特美（图3.21）。

图3.19　巧色让作品更具情趣和生命力

图3.20　因材施艺展现了形巧之美

图3.21　艺巧让作品栩栩如生

料巧指的是运用材料的特点做出不一样的效果。比如多棉的产品做出雪景的美感。多裂的产品做出风和雨的效果。如图3.22所示利用氧化皮和肉的颜色，配合巧工，呈现惊人的效果。

图3.22　料巧使作品呈现惊人的效果

意巧指的是对主题和寓意内涵的设计，让作品的样式和图案更具哲思的美学高度。如图3.23所示为一件淡色的翡翠材料创作的荷花作品，在灯光的照射下，墙上会出现一个僧人修行的阴影，独具特色。

当然，一件作品若能把这几个方面均运用融合起来，形成独具特色的作品，其价值将远远超出运用单一材料制成的作品。

图3.23　意巧的作品能很好地运用独到的艺术手法表达意义深远的内涵

3.5 雕刻流程：成为雕刻师需要学会什么？

翡翠雕刻是相对难度较大的一种雕刻艺术。翡翠雕刻不仅要有扎实的雕刻工艺技法，而且要对翡翠的材料、肌理、形态、颜色、裂隙、种水等有较深刻的理解。这已经不是一个简单的雕刻，而是美的理解和创作。若想成为一名合格的雕刻师，学会以下几个步骤是基本的要求。

（1）选料　选料是翡翠雕刻的重要环节，翡翠材料是带有皮壳的玉石，这与其他所有的宝玉石有很大的不同，所以翡翠选料首先得需要读懂翡翠内部的颜色、种水、脏裂等。根据工匠师傅的判断，以及结合拟做成的产品特性（做成摆件、吊坠、手镯、蛋面等类型）开始对材料进行大致的判定和设计。

（2）开料　翡翠开料也是很重要的一个环节，有时候计划得很好，切开之后完全与想象的不一样。翡翠开料需要先擦，后切，再开，边深入边根据变化进行调整，比如对翠色的走向，裂隙的发育与走向，颜色的分布，脏棉、种水的变化情况进行调整。若不切开可考虑做成摆件，切开则可以考虑做成手镯、蛋面和坠子。

（3）定位与设计　定位是翡翠雕刻中非常重要的环节，也是决定成品盈利能力的关键。同一件材料做成不同类型和题材的产品结果的售价有时能差几倍以上。如果是做翡翠小件，那么就要考虑用途与出品率，首先会考虑做成蛋面或手镯，其次再考虑做成其他的类型。如果是做成翡翠小雕件，如做玉佩和腰牌等，就要考虑做什么图案，要发挥原料的优势和特征，又要做符合雕件图案的要求，否则，容易出废品和次品。如果做成翡翠摆件和把玩件，那么它的主题图案的选择与原料特征的关系是否密切，是非常关键的，如设计做人物主题，就要求材料干净、少杂质，人物脸的部分要求尽可能没有瑕疵，还要考虑原石与人物的比例使用等因素。有裂和棉的材料多做成山子主题，比较容易避开。

（4）加工工艺流程　翡翠定位设计好后要在翡翠上进行大致的画线，然后再根据画线进行切割，切割成设计时的大致毛坯。切割的步骤分为铡、錾、冲、磨、雕等方法。

（5）雕刻方法　常用的雕刻方法有浮雕、透雕、镂雕、线雕、阴雕、圆雕等。翡翠雕刻就是运用各种雕刻技法对翡翠进行加工，以达到设计时想要达到的效果。

（6）打磨抛光工艺　打磨抛光工艺分为打磨、抛光、装潢和包装。其中打磨分为人工打磨和机器打磨两种，抛光分为人工抛光和机器抛光，装潢一般是指摆件的装潢，配底座是摆件最重要的装潢，好的底座搭配可达到艺术与价值的提升，好的包装可以让一件翡翠重新焕发生命力，提升美感和价值。

如图3.24所示为《如意花开》摆件制作过程。

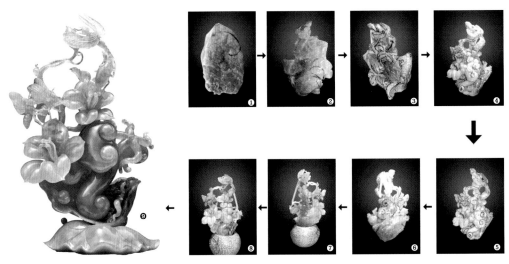

图3.24 《如意花开》摆件制作过程

如图3.25所示为翡翠加工流程。

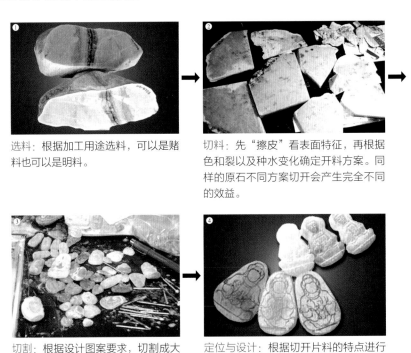

选料：根据加工用途选料，可以是赌料也可以是明料。

切料：先"擦皮"看表面特征，再根据色和裂以及种水变化确定开料方案。同样的原石不同方案切开会产生完全不同的效益。

切割：根据设计图案要求，切割成大致毛坯。

定位与设计：根据切开片料的特点进行作品类型和图案的设计，先在片料上画出创作作品的设计图案。设计会决定作品将来的受欢迎程度。

铡：用金刚石砂轮（粗号砂）进一步打去无用部分成粗毛坯。

錾：用金刚石砂轮（中号）进一步打去凸凹部分和整个表面无用部分。

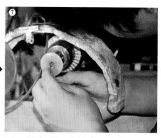

冲：用金刚石砂轮或圆砣将上一工序的粗毛坯进一步冲成粗坯。

磨：用各种规格磨砣磨出图案圆雕部分样坯，如水果、山石和树根等。

雕：用轧砣过细，开出图案的外形。用勾砣或各形钉勾出细纹饰。

打磨抛光：打磨抛光好的作品会保留雕刻纹饰的立体与雕"峰"风格，作品光亮出彩。

图3.25　翡翠加工流程

3.6　雕刻评价：雕刻工艺水平如何就看这几点

翡翠雕刻的种类主要有人物、花卉、器皿、鸟兽等，对不同种类的翡翠玉件的雕刻水平评价是不同的，主要考虑的因素有以下几点。

（1）章法要有序，主题要突出　章法有序主要是指疏密、远近、层次要到位。主题要突出，一般采用6∶3∶1的设计安排，即60%表现主题图案，30%表现配合的图案，10%进行点缀和强调（图3.26）。

图3.26　主题突出、章法有序的作品令人看起来很舒服

（2）构图布局要合理　人物、动物、植物等的造型比例是否到位，构图的变化和统一是否到位，布局是否平衡，这些都是雕刻设计的基本功（图3.27）。

（3）工艺细节是否到位　主要是指在工艺细节的处理上，比如人物的发髻的处理，好的工艺线条会很整齐，深浅有变化（图3.28）。

（4）造型要优美、自然、生动　这是对雕刻技法的要求，点、线、面的运用是否顺畅自然？弧度、深度是否到位、合理？重要部位，如脸的处理是否有生命力？这些都是评价基本工艺是否要到位的要点（图3.29）。

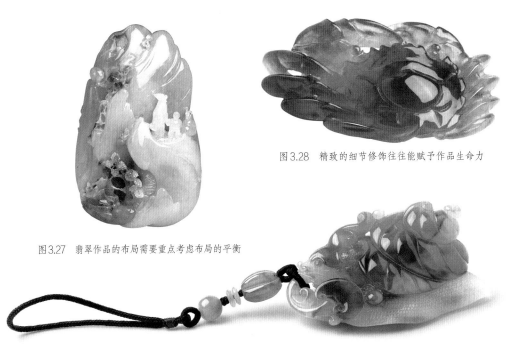

图3.28　精致的细节修饰往往能赋予作品生命力

图3.27　翡翠作品的布局需要重点考虑布局的平衡

图3.29　把玩件的造型要符合人把玩的习惯和审美的要求

（5）雕刻要有创意　创意主要是指是否能很好地运用翡翠形体、肌理、颜色、种水、脏裂等进行巧妙的雕刻创作。好的创意能起到化腐朽为神奇的效果（图3.30）。

（6）做到因材施艺　主要是指俏色、分色、巧色是否运用到位。运用得好会有画龙点睛的效果。比如把一个小的圆绿点雕刻在神龙的眼睛上，起到画龙点睛的作用，会让作品更具生命力。根据翡翠的天然颜色和自然形体"按料取材""依材施艺"进行创作，会大大提升作品的受欢迎程度，进而提高价值感（图3.31）。

（7）作品具有神韵　神韵主要体现在作品的材料是否能与主题、内涵、工艺相得益彰，和谐统一地呈现更高层级的美感。耐人寻味且百看不厌（图3.32）。

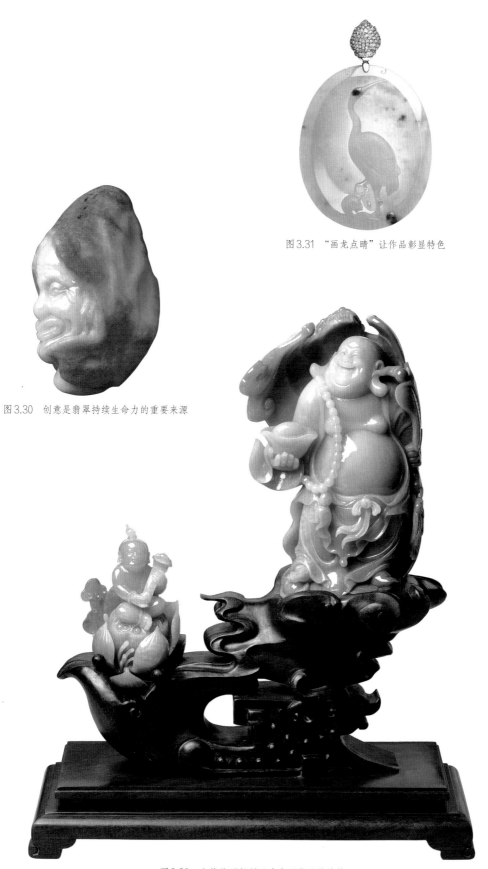

图 3.31 "画龙点睛"让作品彰显特色

图 3.30 创意是翡翠持续生命力的重要来源

图 3.32 人物的面部刻画决定了作品的神韵

3.7 雕刻玄机：教你看懂雕刻背后的故事

一件翡翠给人的第一感觉很重要，有些作品一眼便被迷住了，可能是因为工艺，也可能是因为颜色或种水或题材。但凡种种，好马配好鞍，品质好的翡翠不会请差的工艺师进行加工，好的翡翠材料也不会轻易进行浪费的。

3.7.1 工艺玄机

手工雕刻和机器雕刻是有差异的。手工雕刻能将玉料上的裂、脏、纹等，经过雕刻、修避、隐藏处理，表面的抛光、边缘会存在少许粗糙不平，雕件线条流畅，生动细腻。机器雕刻工艺的特点是量大而雷同，为脱模方便，所有凹进部分均垂直，没有手工雕刻特有的刀工，少有刀痕崩口。

工繁和工简是有原因的。市面经常会出现工艺很繁杂的翡翠坠子，一块材料要进行繁杂的雕刻，既增加了工费，又不受市场欢迎，究竟为什么要这样做的？其实是因为材料本身不太理想，可能是由于翡翠有裂或者有棉、黑点等原因，为了避开这个瑕疵而做的修饰，而完美的材料工艺则很简单，多为素面呈现。

线条深浅是有讲究的。有些翡翠雕件在和谐的图案中出现一个不太和谐的元素，有的雕件在素面的材料上会雕刻一个小小的点缀图案，虽然挺美但不知为何要这么布局，其实是由于这一类的作品大多是有裂和脏在表面无法简单避开而采取的手法（图3.33）。

图3.33　雕花的手镯大多是有脏、裂

3.7.2 形体玄机

（1）压边处理　有些素件产品往往会在背面压个弧边，这种情况大部分原因不是瑕疵，而是为了调水而作，让种水好的翡翠更加聚光，让种水弱的光泽更能放出，颜色更显正。

（2）品相不佳　许多翡翠作品存在明显的比例不对，如蛋面太扁，主要原因是材料不允许，商家往往舍不得去除品质较好的材料而将就了形体（图3.34）。

（3）挖底处理　市场经常见到很薄的绿色翡翠雕件，底部掏空，容易碰裂，主要是由于这种翡翠晶体细腻，饱和度和明度低，需要足够的透光才能呈现出荧光的效果。特别是危地马拉的翡翠，挖底镶嵌后效果特别好（图3.35）。

（4）部分留皮的摆件、玩把件　市场上常有部分留皮的雕件，主要是把玩件和摆件。主要原因是材料只有雕刻的部分是种水色较好的，其他部分就变种或无色。千万不要以为没有去皮的部分还可能存在赌性而以更好的溢价采购（图3.36）。

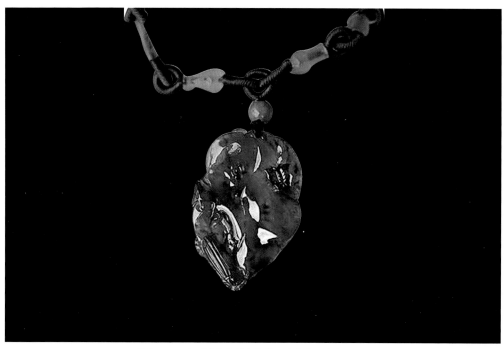

图3.34　品相不佳的翡翠大都是因为材料不完美造成的

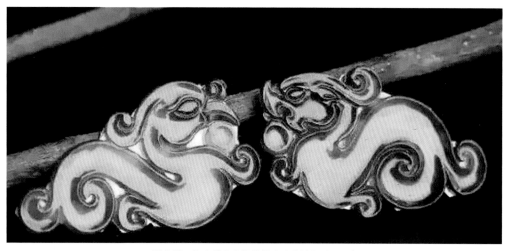

图3.35　把翡翠底部掏薄是为了让绿色更正更亮

图 3.36 工艺师仅把最美的部分呈现

3.7.3 颜色玄机

（1）封底不开盖 市场上许多绿色雕刻件进行封底镶嵌。但是底部完全被盖住封死，这主要是因为底部存在瑕疵或有特别处理的地方，要特别小心。

（2）小圈口或细条的绿手镯 绿色的手镯一般情况下会做成标准的口径和条宽。这样市场的接受度高，销售的价格也会高点。若是做成小圈口或不标准的细条，其售价会影响很大，肯定是不得已而为之（图3.37、图3.38）。

图 3.37 颜色好但却很扁的手镯大多是由于材料限制

图 3.38 质量好的小圈口手镯一般是为了迁就手镯整体品质而做的选择

3.8 翡翠风格：历史上翡翠的雕刻工艺变化

随着中西方文化交流的日益加强，翡翠的雕刻风格在继承中国传统玉雕工艺的基础上，也逐步呈现出时代特征。

3.8.1 古代翡翠雕刻：传统风格与图案

古代翡翠制品雕刻的主要题材是中国传统的吉祥图案，如福、禄、寿、喜、财，即福星、禄星、寿星、喜神、财神的主题。用于翡翠雕刻的图案主要有纳福迎祥、福禄寿禧、鹤寿千年、双喜临门、招财进宝，等等（图3.39）。

图3.39 以吉祥寓意为题材的作品

传统的图腾文化也较多地运用到翡翠雕刻中，如龙、凤、麒麟、瑞兽等。因此凤羽祥云、龙凤呈祥、麒吐玉书等图腾被大量地运用到翡翠的雕刻上。另外十二生肖也常用于翡翠雕刻中（图3.40、图3.41）。

图3.40 瑞兽是中华文明表达吉祥的主题

图3.41 龙是中华民族最为崇拜的元素

以佛教题材为主的内容也常常出现在翡翠雕刻中，如菩萨保佑、吉祥八宝、和合二仙等（图3.42）。

以祝福为主题的内容也常在翡翠作品中表达，如节节高升、连中三元、平升三级、官上加冠、五子登科、事事如意、生意兴隆等美好祝福的内容（图3.43）。

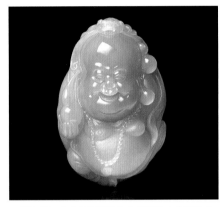

图3.42　佛教题材因信仰的原因被大众所喜爱

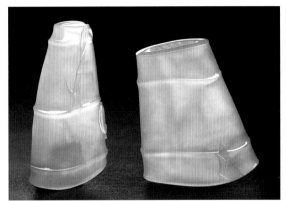

图3.43　寓意美好祝福的作品是馈赠的佳品

3.8.2　当代翡翠雕刻：传承中创新

翡翠雕刻的现代风格在保留了大量传统风格和题材的基础上，融入了许多具有西方文化内涵的雕刻内容。翡翠雕刻图案的设计风格变得大胆、轻松而又传承了造型规律，在传承中创新。

如图3.44所示的作品，为现代的红色经典作品，引起老一代革命者的共鸣。

图3.44　因材施艺的作品

在传统风格中创新，如宝宝佛、灵佛、度母、佛像内雕等宗教题材，在形体和表达手法上有许多创新，在一定时期也受到市场的喜爱。如在子冈牌的基础上创作玉牌风格，用极简并具有禅味的花鸟等表达美好的祝福。如利用当代技术和机器的创新，创作更多镂空雕刻的作品，形成独具神韵的立体作品（图3.45、图3.46）。

图 3.45　度母题材因藏传佛教进入汉地发展的趋势而得到了市场认同

图3.46　宝宝佛题材是近年来翡翠市场创新的成功案例

翡翠雕刻的现代风格有海派翡翠雕刻风格、表达生活情趣的风格等。

（1）海派翡翠雕刻风格　海派主要是不受传统思想的制约，善于运用各类翡翠的天然形状和不同色泽，因料制宜、因材施艺，造型挺秀，形成了俊俏飘逸的"海派"艺术风格，形成代表新时期的当代翡翠特色（图3.47）。

（2）表达生活情趣的风格　翡翠从古代达官贵人专用到如今慢慢成为大众均可以消费的产品，风格也从传统的题材慢慢变为民俗题材。特别是近十几年的发展，翡翠的消费深入人心，成为大众珠宝消费的首选宝石。也因此风格上更倾向表达生活情趣和美好生活向往，如鸡爪、猪蹄、各类小动物和瓜果之类的雕刻，十分精致，形态非常逼真、生动。人们通过对充满生活情趣的翡翠欣赏与把玩，从中分享生活乐趣，领悟人生哲理（图3.48、图3.49）。

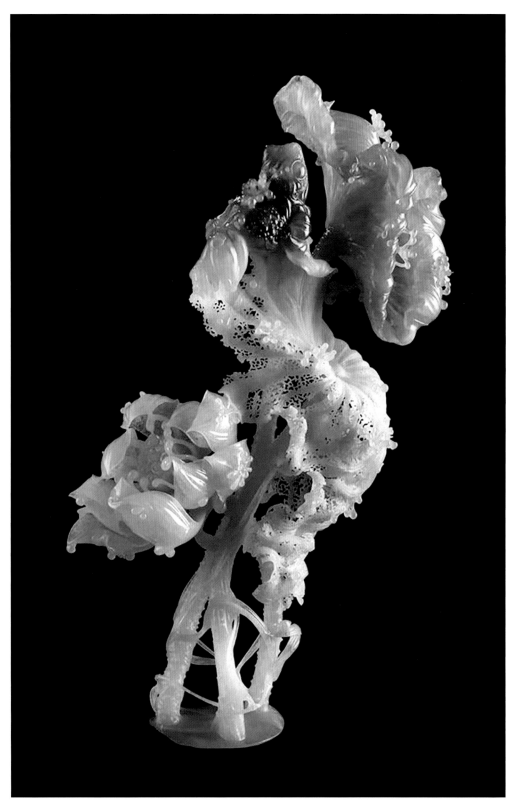

图 3.47　海派翡翠作品

图3.48 形态逼真的作品

图3.49 表达生活情趣风格的作品生动可爱

第 4 章

翡翠镶嵌：扬长避短媚新妆

翡翠镶嵌是一门艺术,是翡翠与其他宝石的"联姻",也是翡翠再次获得生命的机会,好的镶嵌从好的设计开始,好的设计造就了好的镶嵌效果。好的翡翠镶嵌设计能有效地扬长避短,让翡翠之美锦上添花。

4.1 翡翠镶嵌:让翡翠增值的法门

文玩和珠宝首饰是翡翠的两大类型。翡翠摆件和把玩件偏向于文玩收藏品类,翡翠镶嵌件更偏向于珠宝首饰类,在日常生活中除了欣赏和收藏,还有佩戴功能。

镶嵌是一门要求很高的技术,就是将翡翠与K金等金属加工结合成新款式的一种工艺。镶嵌大多使用K金材料,因为其相对硬度要大些,延展性好。常见的翡翠镶嵌件有:戒指、项链、吊坠、胸针等,常使用钻石、红宝石、蓝宝石、碧玺等宝石作为配石。

翡翠为什么要镶嵌?对于蛋面和高质量的绿色素件,由于品质较好,取材料时更注重保持翡翠的原样,做成素件,比如有些翡翠个头较小,不能直接佩戴,而需要镶嵌后才能佩戴。有些是通过镶嵌修饰素件的不足,让其形体更协调,比例更完美。有的是通过封底处理提高翡翠的种水色,更好地展示翡翠的美感和价值。有的是通过重新设计款式让翡翠更能展现个性和内涵。有的则是为了对翡翠进行适当的保护,防止翡翠碰撞破损。

种好色佳的宝石级翡翠材料基本上都不大,而且形状上大多不尽如人意,只有用镶嵌补足以后方显贵气,消费者也更多地接受镶嵌设计产品。镶嵌逐渐成为珠宝首饰增值的重要工艺。

翡翠镶嵌如何实现增值?

翡翠镶嵌设计让相对标准化的蛋面可以设计出符合个性需要的各种款式,表达不同的情感诉求,实现千人千面的可能性,达到增值目的。比如通过镶嵌设计,一件翡翠蛋面可制作成既可以当坠子又可以当戒指的两用效果,增加市场的接受度。

镶嵌设计可以把小件的产品结合成一件大件的首饰以实现更好的效果和更大的价值,比如把随形的绿色边角材料整合在一起设计镶嵌成手镯或手链,就能达到比单一产品更好的效果。

镶嵌设计有时可以遮蔽部分瑕疵。有些商家会通过镶嵌来遮蔽一些脏、裂或不足,以达到让翡翠材料卖价更高的目的。比如有部分产品需要挖底挖得很薄,封底后可以达到种水倍增的效果。

如图4.1所示为白色翡翠蛋面镶嵌设计作品。

4.2 翡翠设计：赋予翡翠二次生命

翡翠设计是制作者对需要镶嵌的翡翠成品进行再度创造，是一个新的蜕变过程，赋予了翡翠二次生命。那么如何设计才能实现翡翠的绚丽新生呢？

第一步读懂翡翠。翡翠的颜色、形状、种水、质地、脏、裂等千变万化，没有充分读懂翡翠是很难进行有针对性的款式设计的。有些素面的翡翠没有具体的含义，如蛋面、随形，也有一些素面的翡翠却有一定的寓意，如扣子、葫芦等。不同的形体特征所需要的设计方法是不一样的。需要设计师首先要读懂读透翡翠的特质。

图4.1　白色翡翠蛋面镶嵌设计作品

第二步设计要点。突出翡翠裸石原有的优势。绿色的翡翠要尽可能呈现绿色的美感；种好的翡翠要能把强反射光泽的感觉有效地呈现；有种有色的翡翠要把这种与众不同的特质表现出来；仅有色根的翡翠则需要通过设计把最美丽的部分呈现；有瑕疵的翡翠部分要通过设计进行规避；有主题的翡翠要与之进行元素呼应。设计要做到扬长避短。

第三步选好配石。颜色鲜艳是翡翠最大的特点。色彩搭配也是翡翠设计最为重要的工作。配石主要有各种形状的钻石、红宝石、蓝宝石、碧玺等。绿色翡翠用得最多的配石是钻石，颜色越艳的翡翠越需要大气简单的钻石来彰显其档次。有的翡翠颜色的饱和度和明度较低，这时则可以选择搭配的宝石颜色更多样，以呈现不一样的个性。配石的选择是为了服务主石的，所以比例要合适，一般戒指上主石与配石的大小比例在8∶2较为合适。此外，选择K金颜色也很重要，白色、玫瑰金色、黄色是常用的金属颜色。使用白K金显得时尚，红K金（玫瑰金）显得贵气，黄K金适合制作有历史感的作品。

第四步工艺助力。翡翠镶嵌与其他宝石最大的不同是需要调水。绿色的翡翠由于种水厚度不同等原因所呈现的颜色变化很大，所以有经验的设计师会很好地运用这一特点，让翡翠锦上添花。通过封底的颜色选择和底部的弧度变化来进行调水。偏蓝色的翡翠需要使用黄色的底，这样能使得翡翠呈现更正的绿色。若翡翠颜色偏黄，则需要使用蓝的底色。若翡翠的种水长，则可以使用白色贴底的封底，会有起荧光的效果。在工艺的设计选择上，要根据翡翠的大小和特性进行设计，例如，大件的翡翠大多选择爪镶，配石则需要根据效果呈现要求进行设计安排，又如小件的翡翠进行的围边镶嵌大多会使用微镶。有时为了达到特殊效果，可以运用多种工艺结合。

翡翠设计由于翡翠颜色种水的变化多样而更考验设计师的创意（图4.2）。

图4.2　翡翠设计

4.3　设计原理：用美学原理设计翡翠就是不一样

翡翠的颜色、材质、肌理、形状变化很大，造成翡翠设计的复杂度和可能性千变万化，无统一的标准，但正是这些变化，也使得翡翠的设计具有很大的个性化。那么如何在翡翠的设计中运用美学原理进行设计呢？下面重点讨论一下最重要的色彩原理和构图原理。

4.3.1　色彩原理

翡翠的颜色有绿、红、黄、蓝、紫、黑、灰、白等，饱和度和明度变化很大，在进行设计配色时色彩运用很重要，最重要的是绿色翡翠的设计配色。绿色翡翠最常使用的金属搭配是红K金、黄K金和白K金、黑K金。由于中国人黄皮肤较多，为了不使肤色看起来显黄，黄K金使用相对较少。一般绿色翡翠配红K金的金属显得更绿，搭配白K金则款式更显时尚现代感。配石运用撞色搭配可以达到意想不到的效果，比如使用黑K金，配上各种大小不一的粉红色、蓝色、黄色的四角撞色搭配法。也可以使用经典的钻石配绿色翡翠，白色翡翠常用的金属搭配是白K金和黑K金（电黑），红K金运用较少，配石可以使用红配白的经典配色，也可以运用饱和度高的绿色翡翠或红色宝石配白色的翡翠。紫色翡翠常用的金属搭配是红K金和白K金，配石常用钻石、绿色宝石和红色宝石。红黄色翡翠常用的金属搭配是白K金，配石常用钻石。黑色的翡翠常用的金属搭配是红K金和白K金，配石常用红色和绿色。一般越高端的翡翠所运用的配色越少，越能呈现高端感。在同一件首饰中极少超过3种配色。图4.3为白色翡翠的色彩设计搭配。

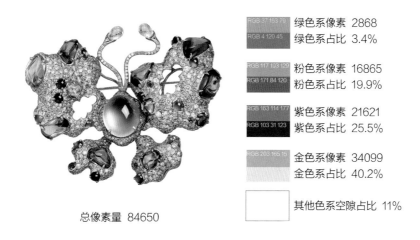

RGB 37 153 79 / RGB 4 120 45	绿色系像素 2868 / 绿色系占比 3.4%
RGB 117 103 129 / RGB 171 84 120	粉色系像素 16865 / 粉色系占比 19.9%
RGB 163 114 177 / RGB 103 31 123	紫色系像素 21621 / 紫色系占比 25.5%
RGB 203 165 15	金色系像素 34099 / 金色系占比 40.2%
	其他色系空隙占比 11%

总像素量 84650

图4.3　白色翡翠的色彩设计搭配

4.3.2　美学原理

翡翠作品的设计常常会运用一些最基本的美学原理，使翡翠作品呈现出齐一美、对比美、调和美、均衡美、比例美和节奏美。一是齐一美，这在翡翠的手链和套链的设计中运用最多，让线条、色彩、形状、结构、工艺等整齐一律，给人秩序感、条理感与节奏感，以达到宁静和沉稳的感受。但要注意各元素间需要进行调配，如果运用不好则易产生刻板、单调、平淡、呆滞的感觉。二是对比美，对比可以是色彩的明暗、鲜浊，线的曲直、粗细，以及肌理质地、主体的相异性表达。例如，在设计时为了突出主石，常使用饱和度低的配石进行镶嵌搭配；在设计翡翠戒指时，为了让款式更加活跃、强烈，常运用圆钻和方钻进行间隔对比搭配的方式。三是调和美，调和是相对于对比而言的一种美，调和强调把诸要素进行协调统一。条理、呼应、重复、次序等是形成调和最常用的手段。在翡翠设计中常常通过工艺处理来达到调和，比如对于三彩的具有古味的翡翠，设计时常会特意进行拉丝或做旧处理，让金工与整体更加协调，产生美的共鸣。四是均衡美，均衡是指两个以上的要素之间构成的均势状态。如上下、左右、前后在布局上等势不等形，通过均衡处理会让人感觉重心稳定，整体平衡。比如在随形的翡翠设计中常常会通过增加各种不同形状、不同色彩配石的方法进行平衡设计。五是比例美，比例是指整体和局部、局部和局部之间的关系。在翡翠设计中比例美主要运用对称和黄金分割法，对称设计是在大的翡翠蛋面设计中常常会运用的方法，黄金分割法常常在进行小件翡翠镶嵌成大件挂件中使用。比例的运用更多的是在主石和配石的选择上，在蛋面的配石使用时，比例多控制在8∶2，太大或太小都不太合适。六是节奏美，节奏美是事物有规律、有秩序，富于变化的动态形式美法则。翡翠设计中常常运用渐变的宝石镶嵌方法来表现层次感和动感，使作品更具生命力。

运用美学原理设计的翡翠如图4.4～图4.7所示。

图4.4　运用美学原理的设计可彰显翡翠价值

图4.5　集齐一美、对比美、调和美、均衡美、比例美
和节奏美于一体的翡翠套链

图4.7　通过内容呼应变化和线条、色彩平衡
让翡翠作品更加耐看

图4.6　结构的均衡是翡翠设计最为基本的美学原理

4.4 镶嵌工艺：真金白银下的工匠精神

翡翠的镶嵌工艺与大多宝石的镶嵌工艺类同，以下按主要工艺和特殊工艺进行分类。

4.4.1 主要工艺

（1）爪镶　这是镶嵌工艺中最常见而且操作相对简单的一种工艺。爪镶就是用金属爪将翡翠扣牢在托架（镶口）上的方法。爪镶分为单粒镶和群镶两种，单粒镶即只在托架上镶一粒较大宝石，以衬托和体现主石的光彩与价值；群镶则是指多颗翡翠镶嵌在一起（图4.8）。

（2）包镶　包镶也称为包边镶，它是用金属边将翡翠四周都圈住的一种工艺，多用于一些较大的翡翠，特别是拱面的翡翠（图4.9）。

图4.8　爪镶法是最简单、牢固的翡翠固定方法　　　　　图4.9　翡翠包镶会让翡翠嵌入金托

（3）逼镶　逼镶又称为轨道镶、夹镶或壁镶，它是在镶口侧边车出槽位，将翡翠放进槽位中，并打压牢固的一种镶嵌方法。常在小的翡翠作为配石时使用。

（4）闷镶　闷镶是在镶口边上挤压出一圈金属边并压住翡翠的一种工艺。这种镶法多用于小粒翡翠。

4.4.2 特殊工艺

（1）掐丝工艺　掐丝，是景泰蓝制作中最关键的装饰工序，古代金工传统工艺之一。将金银或其他金属细丝，按照墨样花纹的弯曲转折，掐成图案，黏焊在器物上，谓之掐丝（图4.10）。

（2）隐秘式镶嵌法　隐秘式镶嵌法指的是饰品正面完全看不见任何金属支架或底座，所以也叫作"不见金镶"或"无边镶法"，隐秘式镶嵌法主要运用于红宝石，翡翠

图4.10 掐丝工艺镶嵌的翡翠

图4.11 隐秘式镶嵌法运用于红宝石

镶嵌运用较少（图4.11）。

（3）掐丝珐琅 掐丝珐琅制作一般在金、铜胎上以金丝或铜丝掐出图案，填上各种颜色的珐琅，之后经焙烧、研磨、镀金等多道工序制作而成（图4.12）。

（4）珐琅工艺 珐琅又称佛郎、法蓝，是以矿物质的硅等原料按照适当的比例混合，分别加入各种呈色的金属氧化物，经焙烧磨碎制成粉末状的材料后，再依珐琅工艺的不同做法，填嵌或绘制于以金属做胎的器体上，经烘烧而成为珐琅制品（图4.13）。

（5）昆丹工艺 昆丹工艺是一种印度特有的珠宝镶嵌技艺。印度工匠们把宝石切割成不同的形状，用22～24K金箔包裹，然后镶入框架中，再连接制成独特的造型。昆

图4.12　掐丝珐琅大多在老翡翠中使用　　　　　图4.13　珐琅工艺与翡翠的搭配把东西方的美学相融合

丹工艺较少运用于翡翠镶嵌，多用于制作繁复精美的首饰（图4.14）。

（6）錾刻工艺　錾刻就是用素锤、小柳锤、羊角台、自制胶（黑松香、白垩、花生油）和各种不同形状的錾子，按照设计图案，在金属上加工出千变万化的浮雕图案。錾刻工艺多在足金上使用（图4.15）。

图4.14　昆丹工艺多用于制作繁复精美的首饰　　　　图4.15　錾刻工艺多在足金上使用

4.5　镶嵌工具：同样的工具，不一样的结果

镶嵌是一个相对传统的行业，翡翠镶嵌工厂所使用的工具大多一样。但对镶嵌的翡翠加工越复杂、越精细，所需要的工具就会越多、越精密。下面介绍一些通常使用的镶嵌工具和设备。

4.5.1　镶嵌工作台

用于加工首饰的工作台通常是用木料制成的，由于镶嵌加工时常常要在工作台上用力敲击金属工件，因此，工作台一定要坚固结实，不能晃动，工作台的台面要平整光滑，不能有缝隙，以避免加工时小配石或金属碎屑掉进缝隙中不易寻找。工作台台面上要有支架，用于挂电动吊机（图4.16）。

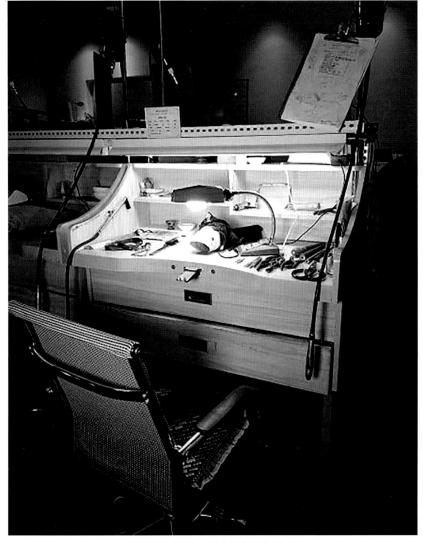

图4.16　镶嵌加工时使用的标准工作台

4.5.2　电动吊机

电动吊机对镶嵌中的执模、镶石都非常有用。电动吊机有一条长约1m的软轴，软轴是用金属蛇皮管套着的，这种软轴可大幅度地弯曲，镶嵌加工时能灵活自如地操作使用。一般电动吊机都有两个机头，一个用于执模，一个用于镶石。执模机头粗大些，可安装较粗的铣刀，镶石机头则细小些，两种机头可根据需要自由替换。机头与软轴连接十分方便，对准卡口插进即可。电动吊机的转动可以用脚控制电源踏板自由变速，电源踏板内部的数个触点是由电阻丝连接的，踩动踏板就会改变电阻，从而使吊机转速发生变化，这样可以满足不同的镶嵌加工需要。吊机的机头需配有成套的铣刀，不同的铣刀有不同的用途，可用于加工各种工件。镶嵌加工过程中常需要对工件进行打孔、铣孔、削割、打磨等，不同的工序用的铣刀是不一样的。铣刀的种类多种多样，有桃形、伞形、球形、吸珠等（图4.17）。

图4.17　电动吊机是翡翠镶嵌执模、镶石时使用的主要工具

4.5.3　3D打蜡机

使用3D软件设计好的图形需要用3D打蜡机打出蜡模，再倒出金水（图4.18）。

图4.18　3D打蜡机是铸熔法镶嵌中最为重要的工具之一

4.5.4　熔金机和倒模机

熔金机和倒模机用于熔金和倒蜡模，把蜡模倒成金版（图4.19）。

图4.19　熔金和倒蜡模让设计镶嵌的模型由蜡变金

4.5.5　激光首饰点焊机

激光首饰点焊机是专业用于首饰行业金属焊接的激光设备，其具备高精度、低损耗、超快速等优点（图4.20）。

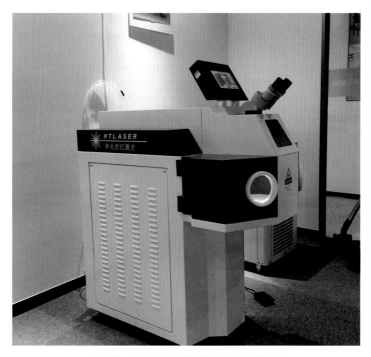

图4.20　激光首饰点焊机常用于金属之间焊接

4.5.6　激光机

主要用于珠宝首饰的激光打字。珠宝首饰做好后，往往需要在金属托上打上表明其成分、含量或生产厂家的不同字印。例如，Au990表明为足黄金，Au750则为18K黄金，表明含金量为75%。Pt900表示是含90%的铂金（图4.21、图4.22）。

图4.21　激光机用于在金属上打字

图4.22　激光打字需要先在电脑上排好版

4.5.7 电脑

在电脑上使用3D软件进行3D数据模型设计，提高工作效率（图4.23）。

图4.23　3D数据建模对于标准样式的翡翠设计效率极高

4.5.8 手绘工具

设计首饰镶嵌款式需要一套手绘工具，包括铅笔、绘图衬垫、橡皮和图纸，以及分线规、圆规、钢尺、各种形状的样板和螺旋测微器（千分尺）等（图4.24）。

图4.24　手绘是传统的设计方法

4.5.9　显微镜

显微镜用于配合镶嵌使用，特别是微镶嵌的运用（图4.25）。

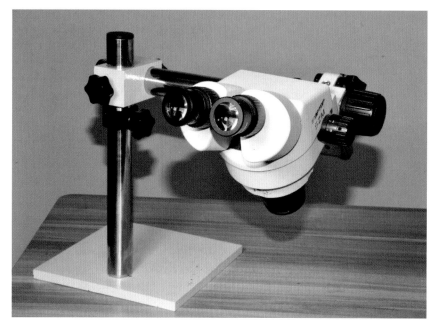

图4.25　翡翠镶嵌正常使用20～45倍的显微镜

4.5.10　电烙铁

电烙铁在手工雕蜡进行修补熔蜡时使用（图4.26）。

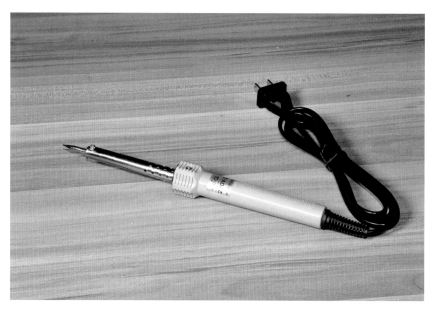

图4.26　电烙铁在修补熔蜡时使用

4.5.11　压片机

压片机在压制封底金片和拉金线时使用（图4.27）。

图4.27　压片机主要在压制封底金片和拉金线时使用

4.5.12　抛光机

抛光机用于金货的抛光，是镶嵌流程的收尾工序（图4.28）。

图4.28　抛光机用于金货抛光

4.5.13　执模工具

执模工序中最基本的工具是榔头（钢锤）、锉刀、手钳、弓锯和戒指铁等。

（1）榔头　镶嵌用的钢榔头多是一端为平头，另一端为球体，还有一种一端为平头，另一端为铲形或锥形的榔头。榔头的平面用来敲击工件的平面，以延展金属的平面或加工方形、菱形等工件；榔头的球形面用来加工圆形或球形工件；榔头的铲形头和锥形头用来敲击工件细小的地方，或将金属片直角弯曲。

（2）锉刀　锉刀分为平锉、半圆锉、椭圆锉、圆形锉、三角锉、方形锉等。粗加工多用大尺寸的平锉和半圆锉，细加工多采用什锦锉。平锉主要用于锉工件的平面和外部直角；圆形锉和半圆锉主要用于加工圆形工件的内圈或从金属板上掏圆、掏半圆等；三角锉和方形锉则多用于加工工件内角部位和从金属片上锉开三角形缺口等。

（3）手钳　常用的钳子有尖嘴钳、圆嘴钳、弯嘴钳、扁嘴钳、平嘴钳、方口钳、双圆钳、侧口钳、圆槽钳、镶石钳、拉丝钳、水口剪钳、平头剪钳和手钳等。尖嘴钳和圆嘴钳主要用来弯曲金属线和金属片。平嘴钳和方口钳则多用在对工件弯直角等工序。圆槽钳能将金属片或金属线弯曲成固定的弧度，而在工件弯曲部位的外面不留痕迹。拉丝钳粗大的钢齿可紧紧夹住金属线的一头从拉丝板孔上通过。剪钳则主要用来剪断金属片或金属线。

（4）弓锯　镶嵌用的弓锯比较特殊，形状小巧，全长约30cm，操作十分灵活。锯弓是用铁制作的，锯柄是木头的。相对粗大的锯条用于下料，主要锯直线或弯曲度大的工件。相对细小的锯条操作起来比较灵活，多用于"开窗"，即先在金属片上钻一小孔，然后将锯条插进孔后再固定在锯弓上，按照预先画好的形状锯开，锯完后将锯条拆下来。

（5）戒指铁　戒指铁是镶嵌加工首饰必备的工具，是镶嵌珠宝戒指的专用工具。戒指铁主要有两种，一种是用来测量戒指内圈大小的戒指尺，也称指棒，戒指尺多是用铜制的，戒指尺顶端较细，向底部逐渐增粗；另一种戒指铁完全是铁制的，这种戒指铁也是一端细，而另一端粗，但是，这种戒指铁没有刻度，它只是用来支撑戒指圈，为圈口稍小的戒指扩圈和整圆，可将戒指托放在戒指铁上敲击。焊接戒指也离不开戒指铁。

（6）坩埚、油槽　首饰镶嵌加工过程中剪、锉和打磨下来的贵金属碎片、粉末回收后，需将其熔成金属块，这就需要放在坩埚中熔化。待金属碎片完全熔化后，再将熔化的贵金属倒进涂油的钢模（油槽）中，冷却后的金属或是条形，或是块状。

（7）铁砧和窝砧　铁砧是镶嵌加工不可缺少的一种工具，它主要用于支撑敲击金属工件。形似牛角的铁砧尖端的一头可支撑敲打弧形、圆形的工件。在铁砧的台面上可敲平金属片或砸薄金属片，能将金属条敲直或砸细，以满足首饰镶嵌加工的需要。还可将工件放在铁砧上进行剔花、刻花等加工。窝砧主要用来加工半球体或圆弧形工件。

（8）拉线板　制作珠宝首饰常常需要直径大小不一的金属线材。金属线可制花丝工艺品、编织花样、镶石的爪钉、耳钉针等，金属线材需依靠拉线板才能制成。拉线板是由钢制的，有36孔、24孔等不同规格。

（9）钢针、柄把和油石　镶嵌时钢针的作用很大，它可在金属板上画线、画图形、刻花等。将钢针磨成平铲，可用来起钉镶石，钢针配上柄把就是锥子，柄把又称为索嘴。木制柄把有的形如蒜头，有的又似葫芦。这些柄把都有卡口，可以夹紧钢针。钢针材质比较坚硬，磨钢针需要特别的磨石，在磨钢针时需用油作磨滑剂，这样钢针的碎屑才不会损伤磨石，由此磨石又称油石。

（10）镊子　镊子是镶嵌加工必备的工具。镊子的主要用途是夹镶嵌加工的工件和翡翠戒面。镶嵌加工中镊子主要分镶石夹和焊接夹两类。

（11）风球、油壶和焊枪　风球、油壶和焊枪是用胶皮管连接为一体的。风球是由两块相连的似乒乓球拍的木板构成，其中上面的一块掏了一个大口，在大口上套了一块橡胶皮，胶皮上又套有线网，以防胶皮被鼓破。用脚踏木板使风球的胶皮鼓起，这样风球的气体就被挤进油壶，然后油壶的油汽化后就从焊枪口喷出，点上火就可以焊接加工了。焊枪多用于焊接、熔化和退火等工序。

（12）玛瑙笔　玛瑙笔的玛瑙刀有剑形和刀形等，玛瑙刀安装在木柄上才能使用。玛瑙笔主要用途就是压光纯金饰品，金饰品加工后有的地方不是很平滑，这时候就可以用玛瑙笔蘸上些水，用力在金饰品不光滑处挤压至光滑为止。

（13）毛刷　首饰镶嵌加工的毛刷的主要用途是清洁金属工件，分为硬毛刷、黑毛刷、白毛刷和铜丝刷等。

（14）火漆碗　火漆碗可以用半球形的塑料壳制作。将盛有火漆的半球体塑料壳摆放在圆形金属环上，即可在任意角度上平稳转动，先用火将火漆烤软，将待镶石的金属托插入火漆中，火漆冷却后固定了待加工的金属托，就可利用双手镶石了。

（15）卡尺　卡尺有比较精确的游标卡尺，也有一般的铜卡尺。卡尺主要用来测量工件，尤其是圆形工件的内外直径。

（16）砂纸　首饰镶嵌加工中离不开打磨用的砂纸。砂纸除有纸作垫料外，还有布作垫料。砂纸有石英砂、金刚砂、石榴石砂等。

执模的工具众多，是镶嵌流程中的重要工序（图4.29）。

图4.29　执模工具

4.6　镶嵌流程：10道工序造就的美学珠宝

4.6.1　设计：手绘或3D软件设计

珠宝设计师根据客户需求把理念中的款式和形象画出来，或利用3D软件进行设计。

4.6.2　雕蜡：手工或3D软件

利用手工雕刻蜡版，或者运用3D软件制作数据，3D数据还需要经过3D打蜡机打出蜡模。

4.6.3　倒模

倒模需经过以下几个步骤。

（1）种蜡树　将每个蜡环单独手工焊接到一根蜡棒上，最终得到一棵形状酷似大树的蜡树，准备进行浇铸。

（2）灌石膏　将种好的蜡树连底盘一起套上不锈钢筒，并将相应重量的石膏浆沿钢筒内壁缓缓注入，没过蜡树，抽真空后自然放置6～12h，使石膏凝固。

（3）烘焙石膏　将石膏模进行烘焙，作用是脱蜡、干燥和浇铸保温。

（4）浇铸　取出烘焙好的石膏模，并同时准备好需要浇铸的金属溶液。将已经熔化配好的金水，从水口注入。

（5）石膏模炸洗及清洗　铸造后的石膏模处于高温状态，从浇铸机取出后自然放置10～30min，再放入冷水中进行炸洗。石膏由于收缩作用炸裂后，取出金树，用钢刷刷去大块的石膏，放入30%的氢氟酸中浸泡10min，夹出后冲洗，除去剩余石膏，直到金树表面干净。

（6）剪切铸件　将金树上的首饰沿水口底部剪下并晾干。

4.6.4　执模：修坯、摆杯、焊接

执模是指对首饰毛坯进行精心修整的工序。修整后再进行焊接和摆杯，形成基本雏形。

4.6.5　配石、镶石

经执模后，先根据设计进行配石，配好石后根据石位的大小进行镶石。

4.6.6　抛光

用高速抛光机和抛光粉进行抛光。抛光后的首饰表面应光亮无比，给人以光彩夺目的美感。

4.6.7　电金

利用白金水（含"铑"元素）对首饰表面进行电镀，使首饰表面显得更白（白色）、更光亮。

4.6.8　验石

对主石和配石进行检测，确保宝石的稳固，不易掉石。

4.6.9　打字

按国家标准进行金的型号和主要宝石重量确认打字。

4.6.10 质检

进行总体的品质检测，确保工艺、材料、宝石符合标准。

标准的产品设计镶嵌流程如图4.30所示。

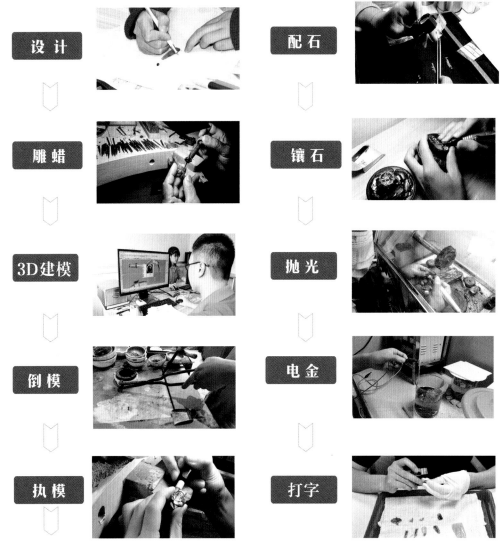

图4.30 标准的产品设计镶嵌流程

4.7 镶嵌评价：差之毫厘，谬以千里

翡翠产品的设计和镶嵌工艺会极大地影响翡翠的整体价值。许多镶嵌作品看起来差不多，其实却相差甚远，评价镶嵌工艺好坏，重点是评估以下几点：一是整体美感；二是执模细节；三是镶嵌工艺；四是调水是否到位；五是主石与配石关系是否得当；六是

抛光电金是否到位。

4.7.1　好的镶嵌工艺

好的镶嵌工艺造型完整，有美感。具体表现为焊接点光洁，石体与底座紧密无隙，雕花和图案清晰有力，整体布局既协调又规整，抛光缝隙到位，佩戴舒适，能生动真实地体现出设计思想（图4.31）。

4.7.2　一般的镶嵌工艺

一般的镶嵌工艺是形体的基本表达，镶嵌工艺不平整，偶有粗糙痕迹，配石不顺畅，用金过量或过少使得整体布局不够平衡（图4.32）。

4.7.3　差的镶嵌工艺

差的镶嵌工艺表面光泽暗淡，焊接处有孔洞或气泡，东倒西歪，配石规格偏大或偏小。与设计大相径庭，细看毛病百出，佩戴时会扎手指或划破衣服（图4.33）。

4.8　镶嵌玄机：普通产品和精品就差在这里

相同的材料，不同的工艺，产品会呈现完全不同的效果。有些翡翠镶嵌的产品乍一看很美，但不耐看，有些产品则越看越好看。这到底是什么原因呢？下面讨论一下翡翠镶嵌的玄机。

（1）设计　在翡翠行业，好的设计是因材施艺的。不同的形体和大小的翡翠在进行设计时所选择和运用的设计思路是不一样的。设计时的配色和配石，形体的表达形式，构图的平衡，能否传递一定的内涵情感，都将决定作品能否产生和谐之美，让人百看不厌（图4.34）。

图4.31　好的镶嵌工艺不放过任何一个细节

图4.32　一般的镶嵌工艺是形体的基本表达

图4.33　差的镶嵌工艺没有细节

图4.34　好的设计为翡翠增色

（2）调水和调色　调水和调色是翡翠镶嵌，特别是绿色翡翠镶嵌特别重要的一个技巧，也是区别其他宝石的独有技法。同样的一件绿色翡翠调水、调色到位或不到位，价值会相差几倍。调水重点是调节光对翡翠种水的影响，种水不够的翡翠需要让更多的光反射到翡翠内部，才能增加翡翠的光度。调色重点是运用封底的颜色进行调和，而使得翡翠看起来颜色更加纯正，如偏蓝色的绿翡翠就需要使用黄色的金底镶嵌，可以使翡翠颜色更好看。不同颜色翡翠的调色常用方法见表4.1。

表4.1　不同颜色翡翠的调色常用方法

翡翠颜色	金底色	托底形	底抛光	封底
正绿色	白K金	凹底	抛光	封底
偏黄绿色	白K金	凹底	抛光	封底
偏蓝绿色	黄K金	凹底	抛光	封底
紫色	黄K金	凹底	抛光	封底
白色	白K金	凹底	抛光	不封底
翡色	白K或黄K金	凹底	抛光	封底
黑色	白K金	平底	不抛光	不封底

（3）开盖　市场上，许多绿色的翡翠镶嵌会做有封底，封底是否能打开其中就大有文章。只要翡翠底部完好，封底的面足够大，良心商家是会把底部打开的。不会打开的原因很可能是翡翠的底部有缺陷，若作品部分开盖，也有可能背面完美度不足，有裂、棉、脏点或不完整，这对翡翠的价值影响比较大（图4.35）。

图4.35　封底开盖让消费者方便观察原石全样貌

（4）配石　翡翠镶嵌使用的配石最多的是钻石。小的碎钻石市场上运用比较广，主要有17个面的单反切工和57或58个面的足反切工。57或58个面的足反切工只有在要求较高的翡翠镶嵌中使用，价格远高于单反钻石（图4.36）。其他配石也存在类似的切工情况，所以有些镶嵌的翡翠作品看起来很闪烁，有的则很暗淡，这与配石的质量有很大的关系。

（5）18K金　同样是使用18K的黄金制作，有的产品很靓丽，颜色很鲜艳，有的产品则很沉闷，其中的奥秘就在于补口的成分。18K金是指75％的黄金与25％其他金属混合，其中25％的金属混合物行话叫作补口，18K金25％补口的金属成分主要是由银、铜、镍、锌组合的合金。补口选用大有讲究，红18K金的补口组成是银4％～20％、铜74％～92％、锌4％～6％。黄18K金的补口组成是银44％～48％、铜44％～64％、锌0～20％。白18K金的补口组成是银0～4％、铜40％～64％、锌14％～20％、镍16％～40％。黄色K

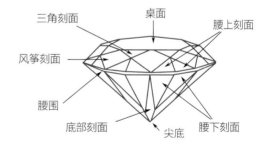

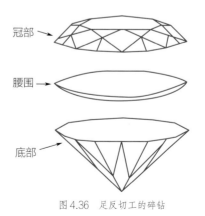

图4.36　足反切工的碎钻

金系列首饰颜色的深浅，与K金中金的含量和银、铜的比例有关，如果银比铜多黄色就浅，如果铜比银多黄色就深。补口金属纯度高K金的制成品效果就会好。翡翠与金属常用搭配要点与效果见表4.2，各种K金常用的补口如图4.37所示。

表4.2　翡翠与金属常用搭配要点与效果

主石	金属搭配	搭配要点	效果
绿色	白K金	深绿色作品多数要与白K金搭配	色彩显得更亮丽，雅致
	黄K金	适合带黄色调的翡翠使用	提升阳艳度
紫色	玫瑰金	适合带粉色调和红色调的紫色翡翠	颜色显得红艳些，热闹，风情万种
	白K金	适合带蓝色调的紫色翡翠	淡雅，也不失风情
白色	玫瑰金	特别白净的翡翠可选择玫瑰金搭配	显得华贵
	白K金	带有浅绿、浅蓝色调的无色翡翠选择白K金	淡雅，高贵
	黑K金	适合出荧特别好的白翡翠，可更突出蛋面的晶莹剔透	低调奢华的感觉，纯洁中带有神秘
翡色	玫瑰金	适合偏褐色和黄色的翡翠使用	增加翡色的饱和度
	白K金	较偏红的翡翠使用	使得作品色彩更亮丽
黑色	白K金	墨翠等黑色的翡翠考虑用白K金搭配	增加神秘感，使作品亮丽，对比度强

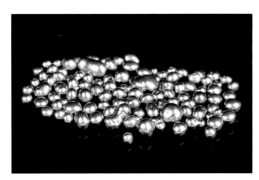

图4.37　各种K金常用的补口

（6）抛光　抛光使用的蜡对金的光泽影响也很大。日本进口的黄蜡、蓝蜡抛光后对K金的损耗少，光泽度高。市场普通黄蜡价格要便宜许多，但抛光的效果不佳，光泽差许多。甚至有的工厂使用有干性的青蜡，对金属损耗大，没光泽。

（7）镶嵌细节　镶嵌工艺好与不好的翡翠作品的主要差异在细节，工艺的细节主要体现在以下几方面。

① 好工艺抛模到位，差的工艺甚至不进行执模工序直接抛光。

② 好的镶嵌工艺的宝石位需要先抛光后再进行镶石，会增加宝石的亮度，差的工艺不经抛光就直接镶嵌。

③ 好的工艺会使用四个爪镶嵌一颗宝石，甚至是在微镶时也采用四爪镶，这样牢固，不易掉石；而一般的工艺会使用两颗宝石六个爪，有的宝石镶嵌甚至用胶黏合而无爪，这样极易掉石。

④ 好的抛光会用手工对所有细节缝隙进行抛光，差的工艺只抛表面，甚至运用机器进行抛光。

⑤ 好的工艺会考虑到佩戴者的感受和舒适度，戒臂的粗细、形状都会因人而异，戒指的底部会做封底以防止手指被刮伤，作品的边角和镶口会做斜面处理，防止钩到衣服（图4.38）。

图4.38　好的工艺体现在细节

图 4.39　简单大气的翡翠款式永不过时

图 4.40　运用三彩翡翠设计的复古风格的作
品别有韵味

图 4.41　宗教风格的翡翠作品市场需求不断

4.9　设计风格：名师这样设计翡翠

翡翠的设计风格受到翡翠材料、颜色以及受众审美等局限，在风格上相对传统，近几年也曾出现一些耳目一新的款式，但基本上没有离开中华传统文化这条主线。

4.9.1　经典风格

翡翠的镶嵌作品中以绿色翡翠为最多，设计的款式以主石素雅、造型大气、配石颜色浅淡为主，绿翡翠主要与钻石搭配，形体大气精致、款式简约，这样的翡翠设计风格至今仍受市场欢迎，成为翡翠的经典风格（图4.39）。

4.9.2　复古风格

利用三彩翡翠等具有复古味道的翡翠材料，配合具有传统元素的设计，表达出喜庆、祝福等寓意（图4.40）。

4.9.3　宗教风格

宗教风格的翡翠主要指以宗教道具为元素设计的翡翠作品，比如以佛教等题材为创作主线的款式，常常采用佛光、莲花、转经筒、金刚杵等元素进行设计，主要迎合有信仰的群体需求（图4.41）。

4.9.4　个性风格

个性风格主要是运用现代的设计元素，使翡翠的材料随形，设计出夸张、极具个性的翡翠款式，如运用几何图形、游戏人物造型等进行设计（图4.42）。

图 4.42　个性风格的翡翠设计受到年轻人的喜爱

4.9.5　中西融合风格

中西融合风格使用绚丽的配石与翡翠进行撞色搭配，把东方的雕刻内容或形体图腾与西方的设计风格、镶嵌手法进行结合，在传承中创新，设计出款式新颖、色彩亮丽的新时代翡翠款式，呈现别样美感（图 4.43）。

图 4.43　翡翠与西方的题材、镶嵌方法结合

第 5 章

翡翠鉴赏：品质好坏就看这几点

翡翠的鉴赏是翡翠产业链里相对标准化的内容，也是更接近市场的部分，鉴赏的要素会影响翡翠的市场价值。由于翡翠的颜色、种水、质地变化较大，再加上翡翠的品类横跨摆件、把玩件、镶嵌件等，因此鉴赏的角度和内容比较多样化，需要从多个角度分维度、分层次地鉴赏，才能比较全面到位地进行翡翠鉴赏。

5.1 鉴赏要素：权威专家使用的鉴赏方法

翡翠的鉴赏要素主要有种、水、色、底、裂、工六个方面，当然几乎没有每个要素都能达到顶级条件的翡翠，因此理解翡翠的要素形成条件，综合考量各种要素，才能正确全面地对翡翠进行权威鉴赏。

5.1.1 种

种指晶体的致密度，越小的晶体结晶越好（图5.1）。

极细粒：在10倍放大镜下不可见。

细粒：在10倍放大镜下隐约可见。

中粒：在10倍放大镜下易见，肉眼隐约可见。

粗粒：肉眼可见。

极粗粒：肉眼极易见。

图5.1 翡翠的种是指晶体的致密度

5.1.2 水

水指透明度，越透越好（图5.2）。

翡翠玉质若聚光能透过3mm深，称为1分水；若能透过6mm深，则为2分水；若能透过9mm深，则为3分水。

图5.2 翡翠的水是指翡翠的透明度

图5.3　浓、阳、正、匀是翡翠颜色好坏的评价要点

图5.4　翡翠的底主要指翡翠内部的干净程度

图5.5　裂会极大影响翡翠的价值

5.1.3　色

色指翡翠的颜色，主要有绿色、白色、紫色、红色、黄色。以绿色为例，绿色以浓、阳、正、匀为上品（图5.3）。

"浓"是指颜色力度强，不显弱。

"阳"是指色泽鲜明，给人以开朗、无郁结之感。

"正"是指没有其他杂色混在一起。

"匀"是指均匀。

5.1.4　底

底指内含物多少，清爽与否，杂质多少与分布等（图5.4）。

好底：质地坚实、结构致密、光线柔润、底色好，冰通透艳，瑕疵极少。

一般底：有一定的杂质和瑕疵，内含物不占主流视觉，底有杂色。

差底：翡翠内部不清爽，很堵的感觉，有明显的内含物，肉眼可见较多白棉、黑斑、灰丝、碎冰状等瑕疵。

5.1.5　裂

翡翠中的裂有裂堑、绺裂等（图5.5）。

无裂为好；能巧妙避开的裂则可以接受；肉眼明显可见的裂为次。

5.1.6　工

工指翡翠作品的工艺水平高低及文化内涵（图5.6）。

好工：对称和比例协调，繁简得当，

图5.6　翡翠的工是评价翡翠美感的重要指标

取巧用色，工艺传神，创新别致，内涵丰富。

一般工：主旨清楚，表达得当，工艺娴熟，雕刻流畅，寓意明确。

差工：主题不清，技艺欠佳，比例不正，缺乏美感。

5.2　翡翠鉴赏：细分类别的鉴赏方法都在这

翡翠的类别较多，有素石雕刻的摆件和把玩件，有素石的手镯、吊坠等，也有镶嵌工艺的手链、戒指、吊坠、胸针等。不同品类的鉴赏角度和要点不同，鉴赏时需要区分对待，不可千篇一律。下面就市场上常见类别举例说明。

5.2.1　翡翠素石作品鉴赏要点

（1）翡翠素石作品鉴赏之人物　翡翠素石作品鉴赏之人物鉴赏要点见表5.1，翡翠素石之人物作品如图5.7～图5.11所示。

表5.1　翡翠素石作品鉴赏之人物鉴赏要点

人物题材	含义	常见造型	较创新的造型	材料选择的要求	雕工鉴赏
翡翠观音	观音心性柔和、仪态端庄，永保平安、消灾解难，使人远离祸害，大慈大悲普度众生，是救苦救难的化身	观音持净瓶、观音持宝珠、童子拜观音等	千手观音、观音头像	观音在翡翠做工中看似传统实则困难。翡翠观音要求取料大气洁净，面部有瑕疵或开相不佳会严重影响其价值	造型比例匀称，面相慈祥而智慧，衣褶飘逸有吴带当风之感，姿态手势柔美，发丝璎珞刻画细致，给人以崇高的精神力量
翡翠笑佛	笑佛宽容、大度，可使人平心静气，豁达心胸，静观世事起伏，笑看风起云涌。佛亦保平安，寓意有福（佛）相伴	坐姿笑佛，手持宝珠；站姿笑佛，手持宝珠或者元宝等宝器	只做弥勒佛头像，但很少见	笑佛的脸部一般不能有鲜艳的颜色，花色一般安排在衣服和肚子上	弥勒佛的形象以圆满、喜气为重，慈眉善目，弯眉笑眼，整体造型大气简洁，头部是圆的，肚子是圆的，手是圆的，耳朵和耳垂是圆的。有一些雕刻到位的弥勒佛甚至雕刻了牙齿和链珠
翡翠寿星	寿星公即南极仙翁，福、禄、寿三星之一	一般是正面的造型，寿星形象一般为一位白发长须、慈眉善目，额部隆起，一手挂着龙头杖，一手托着个大寿桃的老翁	只做寿星的头像，突出其大大的额头和长长的胡子	相对比较纯净的料子。寿星的胡子雕刻可以安排在料子有一些棉絮和绺的地方	总体形象是长头、大耳、短身躯、长胡须的老翁，持龙头拐杖，额部光滑隆起，雕刻时常衬托鹿、鹤、仙桃等以象征长寿，神情喜笑颜开
翡翠渔翁	传说一位捕鱼仙翁，每下一网皆大丰收。佩戴翡翠渔翁，生意兴旺，连连得利	撒网的渔翁和垂钓的渔翁都有见到	少见	没有特别要求，能有俏色的料子创作则效果会很不错	慈祥可爱的脸部表情，手部的把握要粗犷，但不失仙翁的感觉
翡翠关公	关羽是最重义气和信用的英雄人物，勇猛和武艺高强称雄于世	关羽手持青龙偃月刀，或坐着，或站着	只雕刻神像头部的形象，突出脸部的威严	关公是阳刚之美、讲义气的代表。按照京剧脸谱，他是红脸，因此黄色、翡色、红色料尤其适合创作关公形象，墨翠也适合进行关公形象的创作	面相昂祥和与威严的结合，眼眉的把握很重要，胡子部分要显得浓密，有质感

图5.7 《地藏王菩萨》翡翠挂件

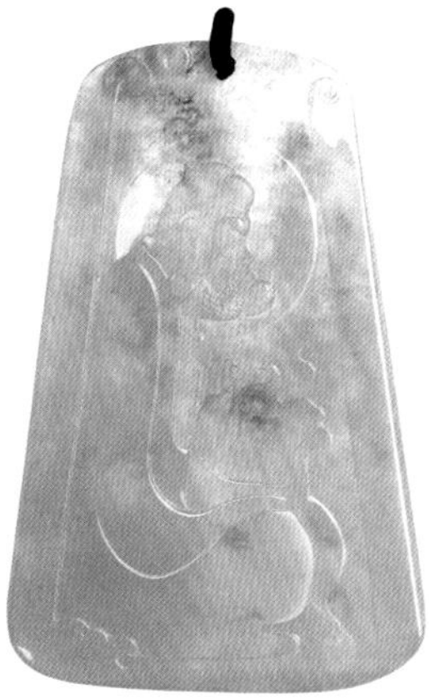

图5.8 《达摩禅悟》翡翠吊坠

图5.9 《人生如戏》京剧脸谱翡翠吊坠

图5.10 翡翠《佛公》吊坠

图5.11 翡翠《观音》吊坠

（2）翡翠素石作品鉴赏之花件　翡翠素石作品鉴赏之花件鉴赏要点见表5.2，翡翠素石之花件作品如图5.12～图5.15所示。

表5.2　翡翠素石作品鉴赏之花件鉴赏要点

花件	含义	常见造型	材料选择的要求	雕工鉴赏
平安扣	平平安安，顺顺利利	圆形的玉，中间有一个孔洞，孔洞的尺寸一般不可以大于总体尺寸的1/5	完美的料子，可以有花色，有时颜色的不均匀更能够显示作品的动感	传统的平安扣的扣洞和扣边缘比较薄。上好的料子做成的平安扣，有时是整体厚度相同的，像古代的玉璧
豆子	果实饱满，双荚豆子寓意好事成双；三荚豆子寓意连中三元，意进取、成就及收获	荷兰豆的造型有两荚和三荚的	一颗豆子就是两至三个蛋面用料，因为翡翠豆子基本都是素面的，没有任何纹饰，难以修饰，所以对料子要求较高	豆子越饱满越好。有两荚和三荚的豆子。要求整体长宽比例合理，豆荚部分饱满，抛光度好
葫芦	葫芦谐音福禄，寓意福禄双全、有福之路。现代人还赋予"护路"的说法。另外，葫芦是传说中神仙装酒和丹药的容器，所以是去病消灾的宝物	造型犹如葫芦藤上结出的葫芦，有时在葫芦的头部做出藤蔓，有时修饰以螭龙、灵猴等小动物	因为翡翠葫芦是素面的，没有任何纹饰，除了顶端的藤蔓处可以修饰，其他难以修饰，所以对料子要求较高	葫芦是立体的，为两个球体，体积大、取料难，比较少见，大多是半圆的，如没有掏空的葫芦瓢。一个葫芦是两个蛋面的用料，半圆的用于镶嵌的较多，如果是完美的葫芦，镶嵌后效果很好，也很值得收藏
如意	如意在饰品中寓意万事如意，平安大吉。它寓意如愿以偿	在翡翠挂件中一般把如意云头灵芝的部分夸张地做出来，长柄做得简洁，长柄上有时雕饰蝙蝠、猴子、浣熊、凤凰等吉祥图案	如意云头部分一般不做纹饰，难以修饰，对料子要求较高	比较可爱的雕工是把如意云头的灵芝做成3个鼓出来的圆珠。这样可以充分体现翡翠的透光度，表现晶莹剔透的感觉
叶子	金枝玉叶、事业有成等寓意	树叶的造型，雕琢叶脉	叶子因有叶脉，可有一些纹饰来掩盖棉絮等，但叶脉和叶脉之间的部分需要干净	线条秀美但又不失一定饱满度的叶子最好。叶脉之间的部分鼓出，可以使种好的作品出荧光
竹子	寓意志坚、正直、谦虚、贞节	竹节一般为3节，竹节上雕刻有精致小芽，代表生机勃勃	一般可选些许横纹的材料，要求材料较好。竹节处可以把一些纹路避开	线条简洁、饱满的竹节形体最好。竹节之间的部分鼓出，可以使种好的材料出荧光，感觉水灵可爱
貔貅	貔貅是龙王的九太子，主食是金银财宝，有镇宅、守财之用	貔貅蹲在一个宝珠上的造型，或者是一件立体雕刻的貔貅	没有特别的要求	头大、臀大、肥肥胖胖的造型很可爱。肌肉的感觉要做出来，更能显示其力量；爪子很重要，是气势的体现

图 5.12　飘绿平安扣

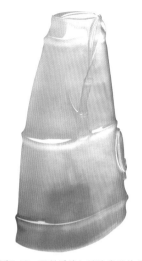

图 5.13　飘绿质地细腻的翡翠竹节

图 5.14　《书卷生花》翡翠吊坠

图 5.15　饱满翡翠寿桃

（3）翡翠素石作品鉴赏之手镯　翡翠素石作品鉴赏之手镯鉴赏要点见表5.3，翡翠素石之手镯作品如图5.16、图5.17所示。

表5.3　翡翠素石作品鉴赏之手镯鉴赏要点

鉴赏要素	鉴赏要点
大小	手镯内径尺寸的选择方法以人的手骨软硬为主，手镯可以通过手掌骨即可。佩戴手镯最美观的是镯与腕之间有1～1.5个手指粗细的游动距离，口径为55～58mm，圈口越大，价格越高。圈口小于55mm的，因其适用人群少，价格会受到影响
底子	底子指的是通透度和质地。通透度越好价格越高，特别出荧光与没有出荧光的手镯价格相差可以达5倍以上。种水相同的两只手镯，由于质地细腻度不一样，也可能相差数倍的价格
颜色	什么颜色、颜色的多少、什么形式的颜色对手镯的价格都有着很大的影响。首先，一点颜色的和一大段颜色的，价格要相差很多；其次，要看颜色的浓淡，浓淡度不同的手镯，价格会相差很多；再次，要看颜色的鲜、暗，鲜艳颜色的价格会很高，颜色相对暗淡的价格也就会低很多
颜色分布	手镯上的颜色是越聚越好的。在同样是1/3颜色的情况下，颜色很聚与颜色分散地、星星点点地存在于手镯中的，其价格会相差很多。此外，我们还要看手镯的颜色是段绿还是满绿，可以制成满绿的手镯是绝不会制成段绿的。通常情况下，满绿手镯要比段绿手镯的价格高出数十倍
绺裂	一是辨别裂和纹是原生的还是次生的；二是要考虑裂纹的大小和深度；三是考虑裂纹的方向，若有环绕条径的裂纹将极大地损害翡翠手镯的价值，如果平行于手镯条径方向的小原生裂纹则对其价值和恒久度影响比较小。表面看起来毫无瑕疵的，很可能是种不好，因而不容易看出翡翠内部的问题，而种越好的翡翠，内部越清楚，绺裂等现象也越明显
瑕疵	观看手镯上有无瑕疵、黑点、黄褐斑点、石花等有损玉质美观的缺点，特别是要看这个瑕疵的明显程度、颜色、大小以对手镯美观的影响来评价它对手镯价值的影响
加工精度	加工好的翡翠手镯粗细均匀，抛光精良，具滑感，用手触摸没有不平的感觉，平放在玻璃上平稳，触动无响声
款式	目前比较流行的有三种款式：圆镯（福镯）、扁镯（普镯）和椭圆镯（又称"贵妃镯"）。圆镯属于传统款，适合中老年妇女佩戴；扁镯和贵妃镯是新款手镯，适合职业女性，上班佩戴也不会影响工作。还有其他异型的，如方形管的、雕花的等
形体	同种、同色的手镯，由于宽窄不同，价格也会不同。一般来说，用料宽的价格较高，宽窄在手镯横截面上体现为"高矮"，条子厚度也会影响价格，收藏级别高档的手镯一般是比较厚和饱满的。同时还要考虑佩戴舒适度

图5.16　种细色正的翡翠对镯

图5.17　玻璃种紫带绿对镯

（4）翡翠素石作品鉴赏之把玩件　翡翠素石作品鉴赏之把玩件鉴赏要点见表5.4，翡翠素石之把玩件作品如图5.18～图5.21所示。

表5.4　翡翠素石作品鉴赏之把玩件鉴赏要点

鉴赏要素	鉴赏要点
手感	把玩件的手感是其收藏的要素，有的人喜欢整体比较光滑圆润的，有人喜欢有点小棱角可以按摩手上穴位的。总的来讲，应该要避免太尖锐的棱角，有适合手形的弧度，以免在玩赏时被损坏
尺寸	把玩件要以适合手玩、把握为宜，大小依照个人手的大小和喜好来选择。一般男性手大，喜欢用大的；女性通常用尺寸小的
题材	同样是雕刻品，把玩件因其需要的料子大，它的创作空间比挂件要大，因此它的创作题材会更加广泛和丰富。有传统的题材，有带有祝福吉祥寓意的，如弥勒佛、貔貅、马上封侯、莲蓬青蛙等，也有一些新颖的题材出现
雕工	雕工对于把玩件作品很重要，因为其创作空间大，色彩和种水的变化有时候会很大。注意作品的构图和布局、俏色的利用、细节雕工的处理
配饰	把玩件一般会配上绳子，戴在身上、包上，随时可以取出玩赏。比较讲究的配饰能为其添色不少，首先是绳子的颜色和玩件的搭配，不能抢色；其次是绳结上的小饰物和作品题材的相互呼应，比如作品是以青蛙莲蓬为题材的，则装饰为菱角，作品以貔貅为题材的，装饰为小元宝等

图5.18　满绿青蛙把玩件

图5.19 种水俱佳的翡翠龙头龟把玩件

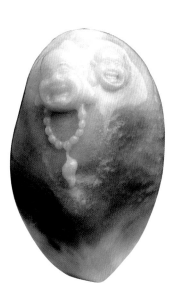

图5.20 巧色翡翠佛公把玩件

图5.21 《一鸣惊人》巧色翡翠把玩件

（5）翡翠素石作品鉴赏之摆件　翡翠素石作品鉴赏之摆件鉴赏要点见表5.5，翡翠素石之摆件作品如图5.22～图5.25所示。

表5.5　翡翠素石作品鉴赏之摆件鉴赏要点

鉴赏要素	鉴赏要点
题材	翡翠摆件因为创作空间比较大，所以题材很丰富。传统的题材有人物、花草、山水（山子）。其中，有一些山子类的作品因为是做成浮雕的，所以如果石头的表面有裂纹可以轻易避开
形态	摆件的形态要做到完美一般很难，特别是因为翡翠在雕刻过程中颜色和种水变化都很大，出现绺裂也是难以避免的。有时候为了将就颜色，可能会牺牲摆件的形态，所以要实现形态的完美是很困难的事情
创意	市场上大多是仿古的作品，或者是之前的人就有做过的题材，有创意的作品相对较少。翡翠，除了是石头，它还是一件艺术品，工艺的精巧、构思的得当是十分重要的。一个好的创意，只要配上不错的石料，就是值得珍藏的作品。如果毫无创意，工艺又差，即使石头过得去，也只能算是"大路货"，不能算是收藏品
底座	为了美观，翡翠摆件一般会配有底座，作品的底座搭配得好可以让作品增色不少，一般的翡翠摆件底座会选用木头雕刻，高级创意的会使用翡翠原石来搭配。底座搭配切忌底座喧宾夺主
装框	收藏级的作品，特别是一些做工特别细腻的作品，经常会配玻璃框进行收藏。由于南北气候差别很大，对框和玻璃的要求也不一样

图5.22　《阿福送财》翡翠摆件

图 5.23　仿古制三彩翡翠羊头杯摆件

图5.24　颜色鲜艳的三彩翡翠山子摆件

图 5.25　精雕巧色翡翠《渡母》摆件

（6）翡翠素石作品鉴赏之珠串　翡翠素石作品鉴赏之珠串鉴赏要点见表5.6，翡翠素石之珠串作品如图5.26、图5.27所示。

表5.6　翡翠素石作品鉴赏之珠串鉴赏要点

鉴赏要素	鉴赏要点
珠子的品质	作为珠链的珠子，颜色、种水、大小、脏裂、瑕疵及均匀度是鉴赏的重要考量
珠子的大小	小珠子可以考虑多串叠加更显档次，如果尺寸不均匀可以做塔珠链，由小到大排列。一般的标准翡翠珠链为60～65cm，若短链则为40～45cm，珠子大小均匀价格更高，由大到小的塔珠则会略低
项链的搭扣设计	珠链的搭扣设计要华贵、精细。如果珠子比较大，适合用圆形的搭扣；如果珠子比较小，则可以用长形的搭扣来配合
珠子间隔设计	有些链子因为珠子不够长，比较短，可在两个珠子之间放入其他颜色的翡翠小珠子或金属及其他材质的小珠子来搭配。这样的搭配可以减少珠子和珠子之间的磕碰和磨损，如果设计得当，效果反而更佳

图5.26　种水色均好的紫色珠串

图 5.27　种水色较好的绿色翡翠塔珠串

5.2.2 翡翠镶嵌作品鉴赏要点

翡翠镶嵌作品鉴赏要点见表5.7，翡翠镶嵌的作品如图5.28所示。

表5.7 翡翠镶嵌作品鉴赏要点

鉴赏内容	鉴赏要点
设计款式	款式设计体现原石的美感；款式受市场喜爱；有独特的设计风格
品质鉴别	翡翠颜色质量；是否有裂、有棉絮、有黑点；原石比例是否协调
镶嵌工艺	配石的镶嵌平整度；焊点的细腻度，金的抛光面，接触点的处理；金的使用比例
效果评价	调水效果如何；色彩搭配是否到位；整体布局如何，作品是否有动感；寓意主题是否突出，是否有生命力

图5.28 翡翠镶嵌的作品

（1）翡翠镶嵌作品鉴赏之戒指　翡翠镶嵌作品鉴赏之戒指鉴赏要点见表5.8，翡翠镶嵌之戒指作品如图5.29～图5.32所示。

表5.8　翡翠镶嵌作品鉴赏之戒指鉴赏要点

鉴赏要素	鉴赏要点
主石	根据种、水、色、底、裂、工、形体比例鉴赏主石的品质，品质好的翡翠使用较好镶工和金属及配石
金属	常用的金属为铂金、18K金、14K金、银等
镶工	金属的抛光面是否细腻；配石镶嵌是否严密无空隙、均匀流畅、光滑平整；主石镶嵌是否牢固；爪的位置分布是否均匀，大小是否一致，是否圆滑；如果背部封底镶口，要看后盖是否封紧，有无批花，调水效果如何
款式	款式设计是为翡翠作品增彩的重要部分，原创和模仿的款式所需要付出的成本是完全不一样的。款式的鉴赏除了整体美观和风格要求外，还要考虑镶嵌的难易程度和镶嵌工艺的不同
搭配	一般使用的配石有钻石、小的翡翠、玛瑙以及碧玺、红蓝宝石等彩宝。主石和金属、配石的颜色搭配会对整体效果影响很大，比如紫色主石更适合选用黄色金属和钻石搭配。搭配时还要注意比例，突出主石。配链或配绳的色彩也是整体的一部分，应在鉴赏之内
主题	款式设计后作品的主题会发生新的变化，不同主题表达的内涵和意义不一样，没有主题的镶嵌只是对翡翠加固作用，毫无内涵

图5.29　种好且饱满的紫色翡翠戒指

图5.30　品相颜色均好的绿色翡翠戒指

图5.31　绿色翡翠马鞍形戒指

图5.32　白色玻璃种翡翠戒指

（2）翡翠镶嵌作品鉴赏之胸针　翡翠镶嵌作品鉴赏之胸针鉴赏要点见表5.9，翡翠镶嵌之胸针作品如图5.33～图5.36所示。

表5.9　翡翠镶嵌作品鉴赏之胸针鉴赏要点

鉴赏要素	鉴赏要点
主石	根据种、水、色、底、裂、工、形体比例鉴赏主石的品质
金属	常用的金属为铂金、18K金、14K金、12K金、9K金、银、铜等。金属的光泽如何，抛光的好坏
镶工	金属的抛光面是否细腻；配石镶嵌是否严密无空隙、均匀流畅、光滑平整；主石镶嵌是否牢固；有没有过于尖锐的角；如果背部封底镶口，要看后盖是否封紧，调水效果如何
款式	胸针一般较大，整体美感很重要，许多翡翠胸针会设计成吊坠和胸针两用的，要特别关注款式的实用性
搭配	一般使用的配石有钻石、小的翡翠、玛瑙、珊瑚以及水晶、小宝石、碧玺等彩色宝石。主石和金属、配石的颜色搭配会影响整体效果，设计整体与衣服的搭配也很重要
主题	胸针的位置比较显眼，主题要能表达主人的个性和风格或愿望和祝福

图5.33　绿色翡翠的蝴蝶胸针灵动活泼

图5.34　《福叠》翡翠胸针和吊坠两用款式

图5.35　《福上添福》翡翠胸针和吊坠两用款式

图5.36　《岁月车轮》翡翠自行车胸针

（3）翡翠镶嵌作品鉴赏之耳饰　翡翠镶嵌作品鉴赏之耳饰鉴赏要点，见表5.10，翡翠镶嵌之耳饰作品如图5.37～图5.40所示。

表5.10　翡翠镶嵌作品鉴赏之耳饰鉴赏要点

鉴赏要素	鉴赏要点
主石	根据种、水、色、底、裂、工、形状和形体比例鉴赏主石的品质，看两颗主石的大小品质是否一致
金属	常用的金属为铂金、18K金、14K金、银等
镶工	金属的抛光面是否细腻；配石镶嵌是否严密无空隙、均匀流畅、光滑平整；主石是否牢固；爪的位置分布是否均匀，大小是否一致，是否圆滑；如果背部封底镶口，要看后盖是否封紧，有无批花，调水效果如何
款式	耳饰可以分成耳环、耳钉和耳坠。款式设计一般根据人的年龄大小选择类型，根据整体性选择风格
搭配	一般使用的配石有钻石、小的翡翠、玛瑙以及水晶、碧玺等彩色宝石。主石和金属、配石的颜色搭配会对整体效果影响很大，要考虑到人的脸型和耳垂的大小及形状、肤色等因素
主题	主题一般需要与整体风格相协调，耳饰是套件的重要组成部分，在常用首饰中离脸部最近，社交中的重要关注点，要特别亮丽

图5.37　《欢鱼》好种黄翡耳坠

图5.38　浓阳正匀的满绿翡翠耳钉

图5.39　白色起荧光的翡翠耳钉

图5.40　种水色俱佳的红翡耳坠

（4）翡翠镶嵌作品鉴赏之吊坠　翡翠镶嵌作品鉴赏之吊坠鉴赏要点见表5.11，翡翠镶嵌之吊坠作品如图5.41～图5.44所示。

表5.11　翡翠镶嵌作品鉴赏之吊坠鉴赏要点

鉴赏要素	鉴赏要点
主石	根据种、水、色、底、裂、工、形体比例鉴赏主石的品质。吊坠的主石较大，品质要求较高
金属	金属需要为主石增色，并且为作品创作的风格服务。常用的金属是铂金、18K金、14K金等
镶工	检查金属的抛光面是否细腻；配石镶嵌是否严密无空隙、均匀流畅、光滑平整；主石镶嵌是否牢固；爪的位置分布是否均匀，大小是否一致，是否尖锐而钩坏衣服；如果背部封底镶口（除了白色和黑色之外常有封底），要看后盖是否严谨，有无雕花，调水效果如何，翡翠和镶底之间的缝隙是否可以让光通过而使种水颜色提升
款式	原创和模仿的款式所需要付出的成本是完全不一样的。款式的鉴赏除了整体美观和风格要求外，还要考虑镶嵌的难易程度和镶嵌工艺
搭配	一般使用的配石有钻石、小的翡翠、玛瑙以及水晶、碧玺等彩色宝石。主石和金属、配石的颜色、配绳的搭配会对整体效果有影响
主题	款式设计后作品的主题会发生新的变化，总体应该使翡翠更具吉祥意义。如果主石有雕刻花纹，镶嵌部分和雕刻的图案需要呼应

图5.41　墨翠牌配红色蓝宝石
和钻石的翡翠吊坠

图5.42　翡翠长形吊坠《福气》

图5.43　黄翡水滴吊坠《女人花》

图5.44　绿色水滴翡翠配钻
石的简单的吊坠款式

（5）翡翠镶嵌作品鉴赏之手链（手镯）　翡翠镶嵌作品鉴赏之手链（手镯）鉴赏要点见表5.12，翡翠镶嵌之手链（手镯）作品如图5.45～图5.48所示。

表5.12　翡翠镶嵌作品鉴赏之手链（手镯）鉴赏要点

鉴赏要素	鉴赏要点
主石	根据种、水、色、底、裂、工、形体比例鉴赏主石的品质。主石数较多，一般是素面的翡翠，同一石料、同色系相近品质最佳
金属	金属需要为主石增色，并且为作品创作的风格服务。常用的金属是铂金、18K金、14K金等。金属的面积较大，对色彩和工艺的要求
镶工	检查金属的抛光面是否细腻；配石镶嵌是否严密无空隙、均匀流畅、光滑平整；主石镶嵌是否牢固；爪的位置分布是否均匀，大小是否一致，是否尖锐而钩坏衣服；特别注意搭扣处的处理，要便于佩戴
款式	款式整体要时尚雅致、唯美
搭配	一般使用的配石有钻石、小的翡翠、玛瑙以及水晶、碧玺、小宝石等彩色宝石。主石和金属、配石的颜色搭配会对整体效果有影响，一般使用均匀的宝石，配石色系比较单一
主题	一般用于社交场合，主题要突出，风格要特别，线条感要强，能体现个性为佳

图5.45　大小相当的白色和绿色翡翠有序排列的手链显得大气典雅

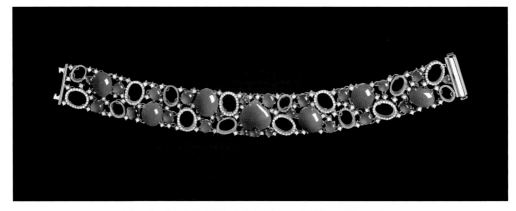

图5.46　紫色翡翠在绿色翡翠和白色钻石的衬托下显得高贵华丽

图5.47 通过K金分色处理和翡翠配色变化设计　　　图5.48 通过K金分色处理和翡翠及宝石的颜
　　　　制作的手镯生动唯美　　　　　　　　　　　　　色变化创作的手镯清雅迷人

（6）翡翠镶嵌作品鉴赏之套链　翡翠镶嵌作品鉴赏之套链鉴赏要点见表5.13，翡翠镶嵌之套链作品如图5.49、图5.50所示。

表5.13　翡翠镶嵌作品鉴赏之套链鉴赏要点

鉴赏要素	鉴赏要点
主石	根据种、水、色、底、裂、工、形体比例鉴赏主石的品质。主石数较多且大，一般是素面的翡翠，同一石料、同色系相近品质最佳
金属	金属需要为主石增色，并且为作品创作的风格服务。常用的金属是铂金、18K金、14K金等。金属的面积较大则色彩和工艺要求更高
镶工	检查金属的抛光面是否细腻；配石镶嵌是否严密无空隙、均匀流畅、光滑平整；主石是否牢固；爪的位置分布是否均匀，大小是否一致，是否尖锐而钩坏衣服；如果背部封底镶口（除了白色和黑色之外常有封底），要看后盖是否严谨，调水效果如何
款式	款式整体要大气高贵，层次感要强，一般要与戒指和耳饰及手链风格一致
搭配	一般使用的配石有钻石、小的翡翠、玛瑙以及碧玺、红蓝宝石等彩色宝石。主石和金属、配石的颜色搭配会对整体效果影响很大，一般使用由小及大的宝石渐变，配石色系比较单一
主题	一般用于正式场合使用，风格特别，线条感要强，能体现主人的个性

图5.49 紫色大蛋面创作的翡翠套链

图5.50　创作翡翠套链的翡翠材料往往源自同一原料

5.3　鉴赏光线：自然光线最真实

　　翡翠由于颜色纯度和明度不同，颜色的变化极大，这会使翡翠的价格受到很大影响。因此我们鼓励在自然光下观看鉴赏，上午10点至下午4点左右的自然光最佳。对资深行家而言，要知道不同区域的紫外线强度不同，对翡翠颜色的影响很大，这就需要经验鉴别，无法一概而论，比如云南的紫外线就比北京强，同样的绿色翡翠在云南有可能会比在北京呈现得更加艳丽，这是很正常的。而人类对于颜色的记忆是极为有限的，这就要求我们需要进行不同光线下不同翡翠颜色的对比来加强记忆，利于鉴别。不同光线下的翡翠鉴赏特点见表5.14。

表5.14　不同光线下的翡翠鉴赏特点

类别	自然光线下	白炽灯下	日光灯下
紫罗兰翡翠	紫罗兰翡翠在不同的地域表现不同，同样的紫罗兰翡翠，在云南等地处高原地带的地区，由于紫外线比较强，颜色也会显得格外鲜艳，但是拿到沿海等地以后，紫色就会变淡，在购买时需要特别注意	在黄色灯光下会使紫色增彩	日光灯下颜色会偏蓝、偏灰，暗淡
晴水绿翡翠	所谓的"晴水绿"是指在整个翡翠制品中出现的清淡而均匀的绿色，但在强光或自然光下就会淡很多或几乎变为无色	绿色在灯光下会比较明显，均匀清淡，十分诱人	在日光灯下颜色会偏蓝
豆种豆色翡翠	豆种翡翠由于结晶颗粒较粗，自然光下观察，绿色分布往往也会不均匀，呈点状或团块状，白色棉絮也比较突出，颗粒感比较明显	在柔和的灯光下，绿色会显得比较鲜艳和均匀，棉絮也不突出，颗粒感也不明显	在日光灯下颜色会偏蓝、偏灰
墨翠	自然光线下，墨翠由于含有较多的铁元素而呈现黑色	在白炽灯下，灯光从后面照时，呈现墨绿色	在日光灯下，灯光从后面照时，呈现墨绿色
艳绿色翡翠	在比较强的光源照射下，如对着太阳光颜色会变淡，感觉也就没有灯光下好了	在带黄色调柔和的灯光下，翡翠颜色会显得更鲜艳一些	在带白色的灯光下，翡翠颜色会显得偏蓝，显苍白

同一翡翠在不同光线下颜色的呈现如图5.51所示。

（a）白炽灯下的表现　　　　　（b）黄光灯下的表现　　　　　（c）日光下的表现

图5.51　同一翡翠在不同光线下颜色的呈现

紫色翡翠在不同光线下的变化如图5.52所示。

（a）白炽灯下的表现　　　　　（b）黄光灯下的表现　　　　　（c）日光下的表现

图5.52　紫色翡翠在不同光线下的变化

5.4 光学效应：特殊效应影响价值

各种翡翠特殊的光学效应见表5.15，顶级的白色翡翠表面会因为反射光强而形成荧光（图5.53）。

表5.15 各种翡翠特殊的光学效应

各种翡翠	变色效应	猫眼效应	荧光反射
紫色翡翠	在不同光源下变色	极少	极少
白色翡翠	无	能聚光而产生猫眼效应	反射光强而形成荧光
红黄色翡翠	无	极少	稀少
绿色翡翠	在不同底色下变色	极少	少
其他翡翠	无	极少	稀少

图5.53 顶级的白色翡翠戒指

5.5 鉴赏误区：以偏概全误区多

翡翠鉴赏有许多误区，对于初学者而言，误以次充好是常有之事，表5.16为常遇到的误区，供翡翠初学者参考。

表5.16 翡翠鉴赏误区

序号	误区	错误认知	误区正解
1	翡翠戴久会有血丝	带血丝的是老玉、好玉	翡翠是多晶体结构的，但结构致密，在佩戴中不会把血丝"戴"进去。出土的古玉有"沁色"，是因为土中的水银沁入玉质等原因形成的，但是翡翠在中国使用是在明清以后，即使是出土的翡翠，有沁色的也是极少见的

序号	误区	错误认知	误区正解
2	翡翠就是玉	认为玉就是翡翠	中国古代把"石之美者"定义为玉，受传统观念影响，现在的国标把许多似玉矿物都作为玉来称呼，现代的玉概念划定在软玉和硬玉两者之间，它们共同的特点是具有致密的结构和相对高的硬度和韧性。翡翠是玉的一种，颜色丰富，受市场欢迎
3	摸上去冰的才是真翡翠	以翡翠是否冰凉来选购和鉴定真假	冰是因为传热快，其他的玉石、水晶，还有玛瑙等，摸上去也是冰凉的，冰凉的不一定是翡翠
4	灯下观色	误把强光下观赏翡翠的颜色当真实色彩	"灯下不观玉"，不同光源不同强度，色的变化是不一样的。准确的光线是在上午10点至下午4点（北半球）朝南的光线
5	十全十美	以单晶体的宝石为参照要求翡翠，容不下翡翠任何不足	翡翠是多晶体纤维交织结构，难以通透，其形成时间达1亿年，生成过程有不同金属元素掺入属正常现象
6	工艺越复杂越好	选择做工复杂的作品，不考量作品韵味	最好的材料是先选择做手镯和蛋面，然后才考虑做其他的作品，一般饰品类作品越简单越好（艺术品除外）
7	绿色越均匀越好	片面强调选购绿色均匀的作品	鉴定翡翠的绿色四字要诀为"浓、阳、正、匀"。浓指的是绿色的浓度，太深太浅都不足；阳指的是阳艳程度，亮丽程度；正指的是颜色不偏黄，不偏蓝，不偏灰；匀指的是颜色的均匀程度。阳与正在一定程度上更重要
8	翡翠越大越好	只收藏大件的摆件，只重个头不重质	美丽是翡翠收藏的第一要素，翡翠的美在于它的天然、稀有、多种颜色、冰通透艳、硬度高、便于传承。许多小而精的作品，单位重量价格很高，是更浓缩的财富。大小不是关键

工艺复杂的作品，不考量作品韵味。如图5.54所示雕工复杂的手镯，是为了避开石头中的丰富裂纹。

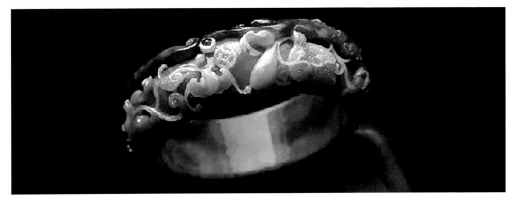

图5.54 雕工复杂的手镯

第 6 章

翡翠鉴定：如何练就火眼金睛？

翡翠因绚丽的颜色和冰通透艳的穿透感，成为顶级珠宝，风靡世界。巨大的利益诱惑大量的不法商家进行仿制和伪造。自从20世纪70年代末出现化学处理等手法制作出更具诱惑和美感的B、C货起，仿制天然翡翠的制作手法不断推陈出新，天然但易混淆的其他材料玉石也开始充斥市场，不少消费者买到仿翡翠的B、C、D货。于是掌握鉴别真假翡翠的基本方法，特别是肉眼的鉴别方法，对于消费者和从业者都是必备的技能。

6.1 翡翠特征：天然翡翠的"胎记"有哪些？

6.1.1 翠性特征

翠性指的是翡翠的未抛光面呈现出来的晶体，类似苍蝇翅膀。这种特性在岫玉、石英中都是没有的。需要注意的是，在抛光翡翠成品中，当翡翠晶体颗粒较大时，翠性凭肉眼清晰可见；晶粒较细时，须借助于放大镜才可见到翠性。可见，翠性虽然是翡翠的鉴定特征，但翠性越不明显，则说明翡翠的品质越高（图6.1）。

图6.1　翡翠翠性是天然翡翠表现出的一种特性

6.1.2 颜色分布与生长

天然的翡翠颜色往往是顺着纹理方向展开，有色的部分与无色部分呈现自然过渡，色形有首有尾，颜色看上去仿佛是从其纤维状组织或粒状晶体内部长出来的，称为有色根，和晶体是结合在一起的，沉着而不空泛（图6.2）。

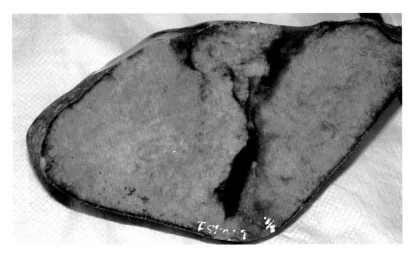

图6.2　翡翠的色根

6.1.3　光泽强

翡翠抛光面具有玻璃光泽或亚玻璃光泽，折射率较高，为1.66左右（图6.3）。

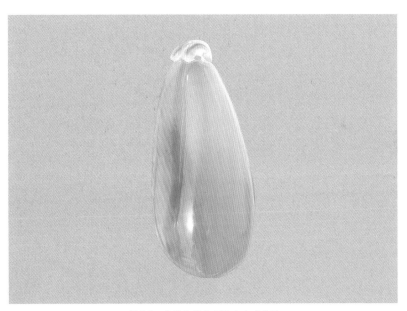

图6.3　翡翠的抛光面具有玻璃光泽

6.1.4　硬度高

翡翠的莫氏硬度为6.5～7，高于所有其他玉石。

6.1.5　密度较大

翡翠的平均密度为3.33g/cm^3，在二碘甲烷中通常会悬浮或缓慢下沉。

6.1.6　翡翠表面特征

在宝石显微镜或高倍放大镜下观察，大多数天然翡翠的表面产生橘皮效应，如图6.4所示。当翡翠的晶粒或纤维较粗时，其表面很可能会有一些粗糙不平或凹下去的斑块，但未凹下去的表面显得比较平滑，无网纹结构和充填现象。B货或者B货+C货翡翠因为经过酸洗，表面有酸蚀的网纹现象。

6.1.7　敲击的声音清脆

用玉块碰击被测翡翠手镯，若是A货，则发出相对清脆的"钢音"；若不是A货，则声音沉闷。然而，听声音仅仅能供参考，作假工艺"高超"的B货，以及大多数的C货，在一般人听起来，其声音与天然翡翠几乎没有差别，质地不够致密的翡翠也可能有沉闷的声音出现。声音还和镯子的粗细、口径的大小有关。另外，如果用敲击法一定要小心，不要对手镯造成损坏。

6.1.8　成分无异常

用电子探针可以迅速而准确地确定出其主要化学成分，一般情况如下。

氧化钠（Na_2O）：13%左右。

三氧化二铝（Al_2O_3）：24%左右。

二氧化硅（SiO_2）：59%左右。

天然翡翠具有自身的特质（图6.5）。

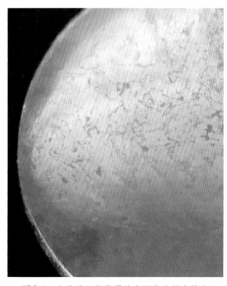

图6.4　大多数天然翡翠的表面产生橘皮效应

图6.5　天然翡翠具有自身的特质

6.2 肉眼鉴定：鉴别真假的硬功夫

在实际的生活中，大部分情况是不可能携带较重的仪器或进行碰击翡翠鉴别的。天然翡翠鉴别最实用的方法就是用肉眼或放大镜鉴别，这也是翡翠从业者必须掌握的硬功夫。从表6.1中的几个方面来鉴别翡翠。

表6.1　肉眼鉴别天然翡翠要点

鉴定特征	鉴定要点
翠性	只要在抛光面上仔细观察，通常可见到花斑一样的变斑晶交织结构，称为"苍蝇翅膀"。在一块翡翠上可见到两种形态的硬玉晶体，一种是颗粒稍大的粒状斑晶，另一种是斑晶周围交织在一起的纤维状小晶体，一般情况下同一块翡翠的斑晶颗粒大小均匀
石花	翡翠中均或多或少会有呈细小团块状、透明度微差的白色纤维状晶体交织在一起形成的石花。石花和斑晶的区别是斑晶透明，石花微透明至不透明
颜色	翡翠的颜色不均，在白色、藕粉色、油青色、豆绿色的底子上伴有浓淡不同的绿色或黑色，即使在绿色的底子上也有浓淡之分。天然翡翠的颜色自然过渡
光泽	翡翠光泽明亮，抛光度好，呈明亮、柔和的强玻璃光泽
密度和折射率	翡翠的密度大，在三溴甲烷中迅速下沉，而与其相似的软玉、蛇纹石玉、葡萄石、石英岩玉等，均在三溴甲烷中悬浮或漂浮。翡翠的折射率为1.66左右（点测法），而其他相似的玉石均低于1.63。有经验者掂重量可以鉴别密度大小
包裹体	翡翠中的黑色矿物包裹体多受熔融，颗粒边缘呈松散的云雾状，绿色在黑色包裹体周围变深，有"绿随黑走"之说
强托水性	在翡翠成品上滴上一滴水，水珠突起较高

肉眼鉴别天然翡翠的要点如图6.6～图6.11所示。

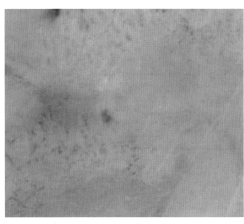

图6.6　翠性特征

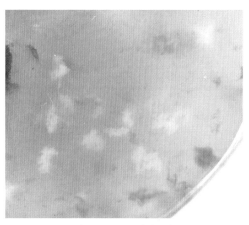

图6.7　细小团块状石花

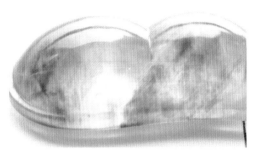

图6.8 颜色不均匀

图6.9 呈强玻璃光泽

图6.10 具有强托水性

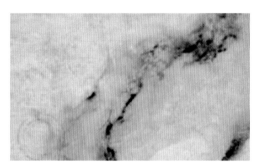

图6.11 "绿随黑走"在原石中的表现

6.3 翡翠A货、B货、C货、D货：人工与天然翡翠的分类及特征

6.3.1 A货翡翠

A货翡翠指天然质地、天然色泽的翡翠。

（1）天然性。翡翠颜色真实自然，有色根，底与色协调自然，光泽好，放大观察可见各种瑕疵，完美无瑕疵的翡翠几乎不存在。

（2）灯光下肉眼观察，质地细腻、颜色柔和、石纹明显，可见翠性；轻微撞击，声音清脆悦耳；手掂有沉重感，明显区别于其他玉质。

6.3.2 B货翡翠

B货翡翠指将质量差的翡翠去脏后冲胶的翡翠。具体是将有黑斑（又称"脏"）的翡翠，用强酸浸泡、腐蚀，去掉"脏""棉"，增加透明度，再用高压将环氧树脂或替代充填物灌入用强酸腐蚀而产生的微裂隙中，起到充填、固结裂隙的作用。

（1）B货初始颜色不错，仔细观察，颜色呆板、发邪，灯下观察，色彩透明度减弱。

（2）B货在两年内逐渐失去光泽，表面不那么光滑，这是由于强酸对其原有品质的破坏引起的。

（3）密度下降、重量减轻。轻微撞击，声音发闷，没有A货的清脆声。

6.3.3　C货翡翠

C货翡翠指在B货的基础上进行注色而形成的翡翠。

（1）第一眼观察，颜色就不正，发邪。

（2）灯下细看，颜色不是自然地存在于硬玉晶体的内部，而是充填在矿物的裂隙中，呈现网状分布，没有色根。

（3）用查尔斯滤色镜观察，绿色变红或无色。

（4）用强力退字灵擦洗，表面颜色能够去掉或变为褐色。

B+C货翡翠和C货翡翠特征如图6.12和图6.13所示。

图6.12　B+C货翡翠的特征

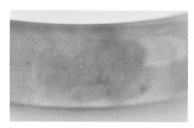
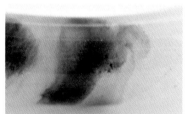

（a）颜色不自然，无色根　　　　　　（b）色与底色不协调

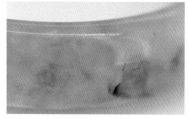
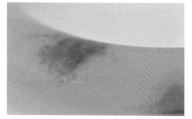

（c）颜色不自然，鲜艳中带邪色　　　（d）老化后可见蜘蛛网纹，光泽弱

图6.13　C货翡翠的特征

6.3.4　D货翡翠

D货翡翠指仿翡翠的非翡翠产品。冒充翡翠饰品的D货主要有以下两大类。

（1）玉石类　即其他玉质冒充翡翠。主要有泰国翠玉、马来西亚翠玉和澳洲绿玉，以及中国南阳独山玉、青海翠玉、密玉及东陵石，等等。上述翠玉与翡翠相比，一是硬度低，二是密度小（重量轻），光泽较弱。

（2）绿色玻璃及绿色塑料　这些替代品大部分颜色呆板、难看，光泽很弱。相对密度很小，莫氏硬度低（用钉子可以刻动），无凉感。

B货、C货、D货翡翠的特征如图6.14所示。

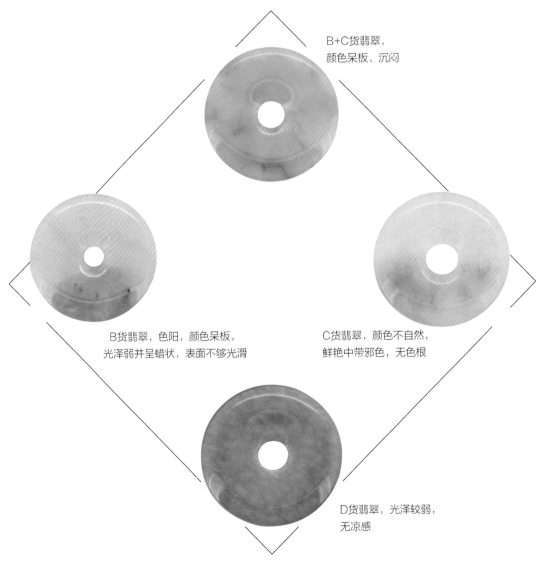

图6.14　B货、C货、D货及B+C货翡翠的特征

6.4　相似鉴别：一眼鉴别"李逵"与"李鬼"的技能

用于仿冒翡翠的相似宝石主要有岫玉、软玉、马来西亚玉、钙铝榴石玉、独山玉、绿玉髓、钠长石玉、玻璃等，这些宝石在宝石特征上与翡翠有很多差异，只要细心观察、检测，还是容易鉴别的。

6.4.1　岫玉（蛇纹石玉）与翡翠的区别

（1）结构特征　蛇纹石玉的结构细致，没有翠性的显示。即使在显微镜下也看不出粒状结构，它的抛光表面上一般不出现橘皮效应。

（2）光泽　翡翠的光泽为玻璃光泽，蛇纹石玉为亚玻璃光泽，蛇纹石玉的折射率是1.56左右，低于翡翠。

（3）内含物特征　蛇纹石玉常有白色云雾状的团块及各种金属矿物，如黑色的铬铁矿和具有强烈金属光泽的硫化物。

（4）相对密度　蛇纹石玉的相对密度为2.57，比翡翠小很多，手掂就会感到其比较轻，用静水称重或重液可以准确地加以区别。

（5）莫氏硬度　大部分的蛇纹石玉的莫氏硬度低，一般可被刀刻动。

但要注意，有些蛇纹石玉的莫氏硬度可以达到5.5，比小刀的莫氏硬度大，也比玻璃的莫氏硬度大，可以在玻璃上刻划出条痕。如图6.15所示为极品岫玉。

6.4.2　软玉与翡翠的区别

（1）表面特征　抛光的软玉常呈现油脂光泽，肉眼看不到橘皮现象。

（2）颜色特征　墨绿色软玉的色调与瓜青翡翠相似，但颜色分布一般很均匀，常有呈四方形的黑色色斑。

（3）结构　软玉以纤维状结构和毡状结构为主，没有翡翠特有的翠性。

（4）折射率　软玉折射率为1.61～1.62，小于翡翠。

（5）相对密度　软玉相对密度为2.95～3.05，小于翡翠。

如图6.16所示为俄罗斯色好的软玉。

图6.15　极品岫玉

图6.16 俄罗斯色好的软玉

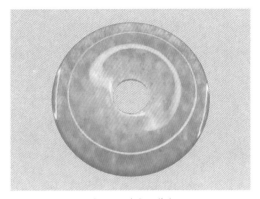

图6.17 染色石英岩

6.4.3 马来西亚玉（染色石英岩）与翡翠的区别

（1）丝瓜瓤构造 由绿色浓集在粒间空隙造成的。

（2）滚筒抛光凹坑 许多戒面的底面呈内凹状。

（3）颜色 颜色均匀，油青色的品种底色干净，没有黄色调。

（4）结构 没有色根、翠性等。

（5）折射率 折射率为1.52左右，比翡翠低。

（6）相对密度 相对密度为2.65左右，比翡翠低。

如图6.17所示为染色石英岩。

6.4.4 钙铝榴石玉与翡翠的区别

（1）绿色色斑 钙铝榴石玉的绿色呈点状色斑，而翡翠呈脉状。

（2）光泽 钙铝榴石玉饰品的光泽差，不易抛光。

（3）查尔斯滤色镜 钙铝榴石玉的绿色部分在查尔斯滤色镜下变红色或橘红色。

（4）折射率和相对密度 钙铝榴石玉的折射率1.74和相对密度3.50都大于翡翠。

6.4.5 独山玉与翡翠的区别

（1）重量 独山玉的相对密度相对要比翡翠的相对密度（3.33）小，因此手掂起来独山玉相对要显得轻飘，翡翠则有沉重坠手感。

（2）结构 独山玉主要是由斜长石类矿物组成，主要呈糖粒状的结构，表现为内部颗粒都为等粒大小；翡翠主要是由硬玉矿物组成，呈典型的交织结构。在侧光或透射光下，独山玉可以看到等大的颗粒；翡翠的颗粒则是不均匀，而且互相交织在一起。

（3）光泽　独山玉折射率变化大，但主要为1.57～1.66，低于翡翠。独山玉虽然粒度细，但由于不同种类矿物的硬度差别大，分布不均匀，所以抛光面往往不平整，抛光质量往往不好，油脂光泽明显。

（4）莫氏硬度　独山玉的莫氏硬度低于翡翠表面，也相对容易出现一些划痕或摩擦痕。

（5）色调　独山玉是多色玉石，由于主要由长石类矿物组成，尤其会呈现一些肉红色至棕色，成为独山玉的特色色调，翡翠一般不会出现肉红色。另外，独山玉的绿色色调偏暗，翡翠的绿色可以出现翠绿色，比较鲜艳。

如图6.18所示为优质独山玉。

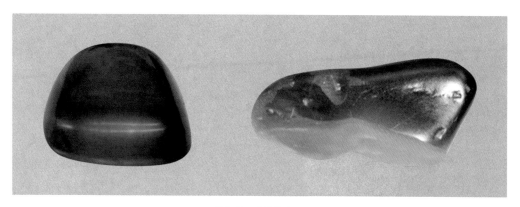

图6.18　优质独山玉

6.4.6　绿玉髓与翡翠的区别

（1）结构特征　隐晶质结构比较普遍，有时有玛瑙纹出现。抛光表面一般不出现橘皮效应，没有翡翠常有的色根、色脉等现象。

（2）颜色特征　颜色比较浅，比较均匀。

（3）折射率　折射率为1.52左右，比翡翠小。

（4）相对密度　相对密度为2.65左右，比翡翠小很多。

如图6.19所示为绿玉髓。

图6.19　绿玉髓

6.4.7 钠长石玉与翡翠的区别

钠长石玉又称作"水沫子"，是与缅甸翡翠伴生（共生）的一种玉石。鉴别特征如下。

（1）折射率 折射率为1.52左右，比翡翠低。所以，钠长石玉的透明度好，透明到半透明，相当于翡翠的冰地到藕粉地，但是其光泽为蜡状至亚玻璃状光泽，同样质地的翡翠为玻璃光泽。

（2）相对密度 相对密度为2.62左右，比翡翠低，同体积的玉石比翡翠轻三分之一。

（3）内含物 钠长石玉常出现圆点状、棒状、棉花状的白色絮状石花，翡翠比较少见这种类型的石花。

（4）碰撞敲击声 与同等透明度的翡翠比较，声音不够清脆。

（5）吸收光谱 没有翡翠特有的437nm吸收线。

如图6.20所示为种好无色"水沫子"。

6.4.8 仿翡翠玻璃与翡翠的区别

（1）颜色特征 仿翡翠玻璃的颜色比较均匀，没有"色根"。

（2）包裹体 仿翡翠玻璃中常可见到气泡，特别是早期的料器，气泡特别明显，现代制作工艺较好的仿翡翠玻璃的气泡虽然比较小，但是用十倍放大镜配合手电光照明也能看到。气泡呈鱼眼状，立体的，圆形，也有的气泡会成串出现在作品的某一部位。

（3）结构 一种为脱玻化的绿色玻璃呈现有放射状（或草丛状）镶嵌状的图案，另一种称为"南非玉"的玻璃，稍微放大，即可见到羊齿植物状的图案。而翡翠为各种粒状结构。

图6.20 种好无色"水沫子"

图6.21 玻璃仿品可见气泡

（4）相对密度　玻璃相对密度2.65左右，比翡翠小。

（5）折射率　玻璃折射率一般为1.50左右，比翡翠小。

如图6.21所示为玻璃仿品。

6.4.9　翡翠与其类似玉石的鉴别特征

翡翠与其类似玉石的鉴别特征见表6.2。类似翡翠的玉石如图6.22所示

表6.2　翡翠与其类似玉石的鉴别特征

序号	名称	颜色	相对密度	折射率	莫氏硬度	外观特征
1	翡翠（缅甸玉）	绿、淡紫、褐色、白	3.28～3.40	1.66～1.67	6.5～7	颜色常不均，具有交织结构（"苍蝇翅膀"，即具有翠性），玻璃光泽
2	软玉（新疆玉）	暗绿、白、墨	2.9～3.1	1.62±	6～6.5	质地细腻，毡状结构，油脂光泽，色均匀
3	蛇纹石玉（岫岩玉）	绿、黄、白	2.4～2.7	1.49～1.57	2.5～5.5	颜色较均匀，常具有蜡状光泽
4	独山玉（南阳玉）	暗绿、白、褐	2.7～3.1	1.57～1.66	6.5～7	颜色不均匀，不具翠性
5	水钙铝榴石（青海翠）	浅黄绿色、绿	3.50	1.69～1.74	6.5～7	颜色不均，常有较多黑色斑点，块状结构，无翠性，滤色镜下呈红色
6	绿玉髓（澳洲玉、非洲玉）	苹果绿	2.65±	1.52±	7	颜色十分均匀，质地细，不具翠性
7	耀石英（东陵玉）	草绿	2.65±	1.52±	7	颜色比较均匀，含铬云母包裹体，滤色镜下呈现红色
8	马来西亚玉（染色石英岩）	鲜绿	2.65±	1.52±	7	颜色比较均匀，粒状结构，含有染色剂
9	Mete-Jade（脱玻化玻璃）	翠绿	2.70±	1.52±	5.5	颜色均匀，无气泡，具羊齿植物状的叶脉结构
10	玻璃料	白、绿	2.65±	1.50±	5.5	常含较多气泡，具贝壳状断口
11	钠长石岩（水沫子）	白	2.62±	1.52±	6	白色透明，有时具有蓝绿色斑，无翠性

软玉（新疆玉）	蛇纹石玉（岫岩玉）	独山玉（南阳玉）
水钙铝榴石（青海翠）	绿玉髓（澳洲玉、非洲玉）	耀石英（东陵玉）
马来西亚玉（染色石英岩）	Mete-Jade（脱玻化玻璃）	钠长石岩（水沫子）

图6.22　类似翡翠的玉石

6.5　鉴定流程：10步鉴定法让你像个专家

（1）鉴定者以肉眼及放大镜观察翡翠的外观　看它的颜色、透明度、形状外观和光泽。翡翠的光泽应是玻璃光泽，如果有些翡翠外观是蜡状光泽，则应怀疑是B货翡翠（图6.23）。

图6.23　鉴定者以肉眼及放大镜观察翡翠的外观

（2）在放大情况下观察翡翠的内部结构　天然翡翠有"苍蝇翅膀"特质。B货翡翠，能看出翡翠的结构已经被破坏，结构疏松，在小矿物颗粒之间还充填树脂（图6.24）。

图6.24　在放大情况下观察翡翠的内部结构

（3）量翡翠的大小（图6.25）。

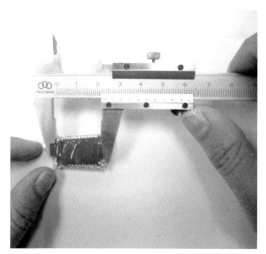

图6.25　量翡翠的大小

（4）天平称重与测定相对密度　一般翡翠的相对密度是3.28～3.40（图6.26）。

图6.26　天平称重与测定相对密度

（5）偏光镜鉴别是否为非晶质仿品　天然翡翠转动360°全亮，玻璃等仿品转动360°全暗（图6.27）。

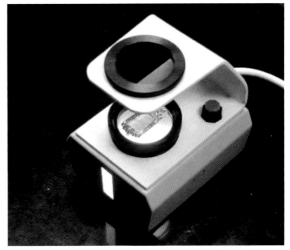

图6.27　偏光镜鉴别是否为非晶质仿品

（6）折射仪测定折射率　翡翠的折射率为1.66左右，而外观近似翡翠的绿色软玉折射率为1.61～1.63，而冒充翡翠的石英类玉石折射率为1.54左右（图6.28）。

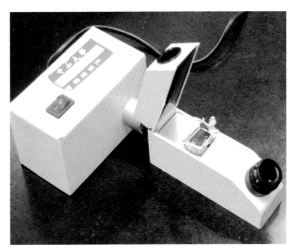

图6.28　折射仪测定折射率

（7）用滤色镜检查　人工含铬染料染色的C货翡翠在查尔斯滤色镜下是红色，而天然颜色的翡翠不变色（图6.29）。

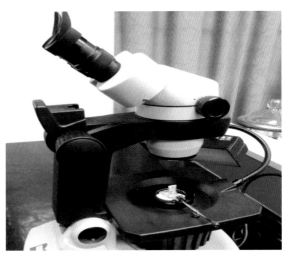

图6.29　用滤色镜检查

（8）用分光镜测定翡翠的吸收光谱 翡翠一般具有437nm特征吸收线，而绿色翡翠对波长489～503nm、690～710nm的光可吸收。染色的翡翠，其吸收线会成为宽的吸收带（图6.30）。

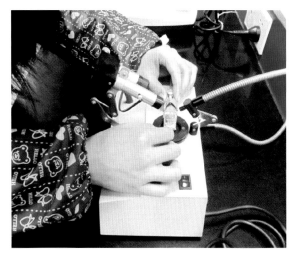

图6.30 用分光镜测定翡翠的吸收光谱

（9）用荧光灯观察翡翠是否有荧光 天然的翡翠（白地青除外）一般在紫外线照射下不产生荧光，B货翡翠由于后注胶而发出粉蓝色荧光（图6.31）。

图6.31 用荧光灯观察翡翠是否有荧光

（10）用红外光谱仪测定翡翠的吸收光谱 天然翡翠在2400～2600cm^{-1}和2800～3200cm^{-1}有强吸收峰，当在吸收光谱中出现明显的树脂的吸收带时，可以肯定为树脂充填的B货翡翠（图6.32）。

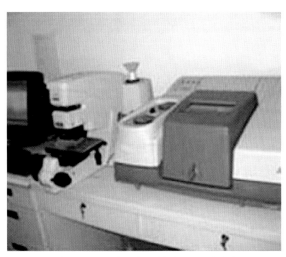

图6.32 用红外光谱仪测定翡翠的吸收光谱

6.6 鉴定仪器：如何运用仪器可靠鉴定翡翠

翡翠的鉴定相对于其他宝石是比较简单容易的，这与翡翠的特性有关。一般在对翡翠进行鉴别时，有经验者大多凭肉眼便可知真伪，没有经验者通过适当的仪器检测便可鉴别。常用的仪器有：放大镜、显微镜、折射仪、比重计、分光镜、偏光仪、紫外荧光灯、查尔斯滤色镜、红外光谱仪等。

6.6.1　放大镜和显微镜

放大镜和显微镜均是通过放大对翡翠表面及内部特征进行鉴别的一种工具，这两种工具一般只适于小件翡翠的观察鉴别。观察要点如下：一是观察是不是翡翠，主要观察是否有翡翠的特征，如翠性、包裹体等；二是观察表面是否有酸洗痕迹；三是观察颜色是否天然，若是染色的翡翠，在显微镜下可以很清楚地看到颜色是来自晶体的缝隙中而不是晶体本身的颜色，焗色的翡翠也易看出晶体的排列不同（图6.33）。

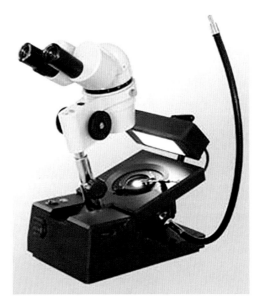

图6.33　显微镜

6.6.2　折射仪

折射仪是通过测定物件的折射率进而判断是否为翡翠的一种辅助设备，好处是可以无损、快速、准确地读出待测宝石的折射率；不足是只能测定很小颗粒的宝石。使用时将宝石放在滴有折射液的观察玻璃上面，通过观察刻度表中的黑线位置来测定折射率（图6.34）。

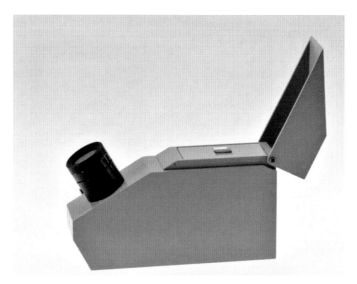

图6.34 宝石折射仪

6.6.3 偏光仪

偏光仪对鉴别均质体、非均质体和多晶体具有重要的作用，比如翡翠是非均质体，在偏光仪下转动应该是全亮现象。偏光仪是通过观察宝石在偏光情况下的明暗进行晶体类型鉴别的，只能适用于小件宝石（图6.35）。

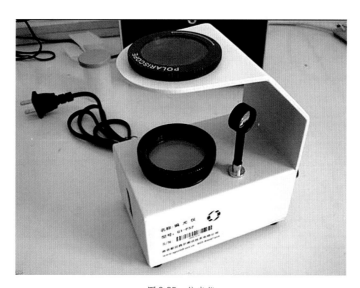

图6.35 偏光仪

6.6.4 比重计

比重计可以测出翡翠的密度，是翡翠鉴定的辅助仪器，使用比较简单。翡翠的相对密度为3.28～3.40（图6.36）。

图6.36　电子直读式比重计

6.6.5　分光镜

借助分光镜观察翡翠的特征光谱，可根据天然翡翠特有的437nm一条诊断性吸收带进行真假鉴别，非翡翠产品没有这一吸收带（图6.37）。

图6.37　手持光栅式分光镜

6.6.6　紫外荧光灯

紫外荧光灯可以较易鉴别翡翠是否经过充胶处理。在冷光照射下，通过观察分析翡翠产生的"荧光"鉴别翡翠真伪。若注胶，则在紫外荧光灯下呈粉蓝色或黄绿色荧光；天然翡翠（除了白地青种等特殊且质地差的材料）不会有变化（图6.38、图6.39）。

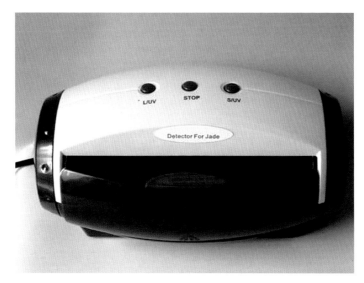

图6.38 紫外荧光灯

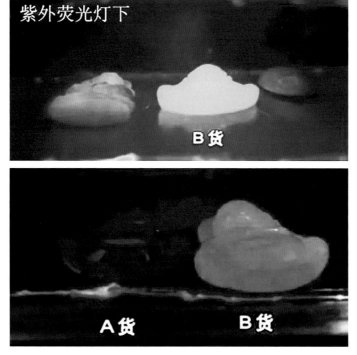

图6.39 注胶翡翠在紫外荧光灯下的效果

6.6.7 查尔斯滤色镜

用强光源照射固定好的翡翠，将查尔斯滤色镜紧贴眼睛来观察翡翠的颜色。部分染色翡翠几乎都因含绿色有机染料而在滤色镜下呈红色，天然绿色的翡翠在滤色镜下无变化（图6.40）。

图6.40 查尔斯滤色镜

6.6.8 红外光谱仪

红外光谱仪可以很好地鉴别天然翡翠和人工优化处理翡翠，其红外光谱吸收谱带有所区别。酸洗充胶处理翡翠有2850cm^{-1}、2922cm^{-1}、2965cm^{-1}和3028cm^{-1}的吸收峰；天然翡翠没有，或者只有不太强烈的2850cm^{-1}、2922cm^{-1}和2965cm^{-1}的因少量加工抛光时残余的蜡造成的吸收峰（图6.41）。

图6.41 傅里叶红外光谱仪

6.7 翡翠做假：道高一尺，魔高一丈

目前市面上翡翠的做假和处理的手法主要有酸洗、压模、镀膜、焗色等，只有搞清楚这些做假的方法，才能更好地掌握如何鉴别假货。

6.7.1 酸洗翡翠的鉴别

技术高超的酸洗翡翠是难以用肉眼鉴别的。从20世纪70年代末开始，一种新型的处理翡翠出现在香港的市场上，行家称之为"冲凉货"（即洗过澡的意思），后来欧阳秋眉教授按漂白的英文单词bleach的第一个字母将这类翡翠称为"B货"，经过酸洗处理后的翡翠对翡翠本身的结构破坏很大。时至今日，理论上酸洗翡翠的鉴定已不成问题，但由于优化处理的工艺技术也在改进和变化，新工艺很容易蒙混过现有经验，需警惕技术变化带来的影响。

（1）酸洗的工艺方法　翡翠酸洗的一般流程是选料，切割加固，酸洗漂白，碱洗增隙，清洗烘干，真空注胶和固结（图6.42～图6.49）。

① 选料。选择做B货材料的原则：一是易被强酸或强碱漂白溶蚀的原料；二是质地不能太好、成本不能太高的原料。所以一般选择适合于B货处理的翡翠原料是含有次生色、结构较为松散、晶粒较为粗大、质地较为低劣的翡翠品种。

② 切割加固。为了使酸洗和充胶更为快速，把玉料切割成一定厚度的玉片或玉环，并用铁线加固，防止裂开。

③ 酸洗漂白。用各种酸（如盐酸、硝酸、硫酸、磷酸等）浸泡选好的原料，一般要泡2～3周，也可以略为加热以加快漂白的过程，酸洗的目的是除去黄褐色和灰黑色。

④ 碱洗增隙。把酸洗漂白过的原料清洗干燥后再用碱水溶液加温浸泡，碱水对硅酸盐具有腐蚀作用，可起到增大孔隙的效果。

⑤ 真空注胶。把酸洗、碱洗后的原料烘干，放在密封的容器中抽真空，达到一定的真空度后，在容器中灌入足够的胶使翡翠原料完全浸入胶中，然后还可以增加压力，使胶能够把翡翠原料中的所有空隙都充填到。

⑥ 固结。用树脂胶进行固结，以增加强度和透明度在胶还未完全固结之前，把翡翠原料从半固结状态呈黏稠状的胶中取出，放在锡纸上，然后放入烤箱烘烤，强化固结。

图6.42　酸洗翡翠一般采用晶粒较粗的原料

图6.43 切割加固

图6.44 酸洗前用铁线加固，防止裂开

图6.45 放在桶中浸泡酸性物质2～3周

图6.46　酸洗过程中使用到的各种强酸

图6.47　经酸洗的翡翠从原料到酸洗后到充胶后的原料对比

图6.48　原料酸洗加色处理后尚未加工成形的手镯

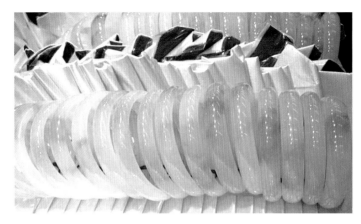

图6.49　酸洗加色后的成品通透靓丽

（2）酸洗翡翠的鉴别　经过漂白注胶处理的B货翡翠，具有许多鉴定性的特征，常规的做法有用肉眼和仪器两种鉴别方法。

① 肉眼鉴别方法。

a. 酸蚀网纹。由于B货翡翠矿物颗粒间隙内的树脂胶的硬度较低，在切磨抛光时，低硬度的胶容易被抛磨，形成下凹的沟槽，形态像干裂土壤的网状裂纹，故又称为龟裂纹。在放大镜或显微镜下观察时，B货翡翠可见细线状围绕着每一个晶体颗粒连通状的网纹。天然翡翠的橘皮效应是因为不同颗粒晶体的硬度不同而在抛光时产生的凹坑，坑的周边会有圆滑的过渡斜坡（图6.50）。

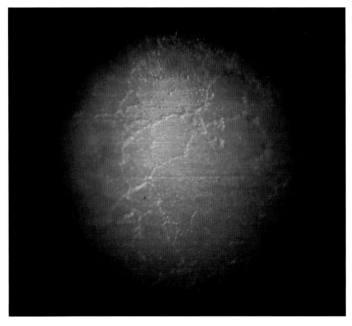

图6.50　B货翡翠网纹

b. 酸蚀充胶裂隙特征。若翡翠有裂隙存在，可通过裂隙特征进行鉴别。B货翡翠中较大的裂隙内会充填较多胶，在反射光下通过显微镜可见到呈油脂状（反光较弱）的平面。裂隙的边界常常呈裂碎状，甚至有从裂隙壁上散落下来被胶包裹住的小角砾，裂隙常常还发散有毛发状的分支裂隙。

c. 充胶的溶蚀坑。由于翡翠中含有某些局部富集的易受酸碱浸蚀的矿物，如铬铁矿、云母、钠长石等。在处理过程中被溶蚀，形成较大的空洞，空洞中可填充大量的树脂胶，胶一旦脱落就会出现一个个的溶蚀坑。

d. 底净，杂质少。由于经过了酸洗漂白，翡翠中所含的氧化物和其他易溶的杂质被溶解，黄底和脏底被清除，所以酸洗翡翠大多过于干净，杂质极少。天然翡翠在放大观察时常可见到小锈斑、小黑点等杂质，在微裂隙中可以见到各种杂质充填其间。

e. 晶粒界线不清和色根不明显。酸洗翡翠由于晶粒之间充填了透明度高的树脂胶，使得晶粒边界不够清晰，颜色变得不自然，色根不明显。

f. 敲击声沉闷。听翡翠手镯的敲击声是比较简单的一种方法，酸洗翡翠手镯的敲击声音沉闷嘶哑，不够清脆，与天然清脆悠扬的声音不同。

g. 充胶过多会显蓝光。充胶过多的酸洗翡翠，在侧光情况下会泛蓝光，这种光是胶的反光，比较柔和；天然翡翠为玻璃光泽，反光比较直接。有经验者可根据种水与翡翠晶体颗粒间的间隙是否一致来判断是否经过酸洗。

② 仪器鉴别方法

a. 紫外荧光灯测试。在紫外荧光灯下经过酸洗充胶的翡翠呈现由弱到强的蓝白色荧光，天然翡翠则没有。经过上蜡的尤其是浸蜡的翡翠也具由弱到中等的蓝白色荧光，目前无法区分出树脂与蜡的荧光，所以紫外荧光灯只能作为辅助性的鉴定方法。

b. 相对密度测试。经过酸洗充胶的翡翠，相对密度会明显地降低，一般相对密度小于3.30，在纯二碘甲烷的重液（相对密度值约3.30）中上浮。但是，有少部分料子较新的天然翡翠，由于含有相对密度小的矿物，如绿辉石、钠长石等，也会在相对密度为3.30的重液中上浮。同时，还有少部分酸洗轻处理的翡翠，充填树脂不多，在二碘甲烷重液中会下沉或悬浮。

c. 酸滴试验。酸滴试验是用来鉴别酸洗翡翠的一种特殊方法，即在翡翠的表面滴上一小滴盐酸置于显微镜（约放大40倍）下观察，天然翡翠可在酸滴外缘出现"汗珠"，

"汗珠"会沿纹理成串出现，形成蛛网状，酸滴在天然翡翠表面上干涸较快，并会留下"汗渍"；酸洗翡翠则无"汗珠"反应，酸滴干涸的速度也慢，无明显的污渍。

d. 酸洗翡翠的红外光谱特征。酸洗翡翠具有天然翡翠所没有的光谱特征，酸洗翡翠的红外光谱呈现在波数为2870cm^{-1}、2928cm^{-1}和2964cm^{-1}的吸收峰，3035cm^{-1}和3058cm^{-1}的吸收峰分别构成两个较大的吸收谷，并且，2870cm^{-1}、2928cm^{-1}和2964cm^{-1}三个吸收峰中，波数2964cm^{-1}的吸收往往比波数2928cm^{-1}的吸收更为强烈。此外，波数在2200～2600cm^{-1}的范围，还可见到不太明显的多个吸收峰，这些吸收峰都具有诊断性的意义。

6.7.2 翡翠压模的鉴别

翡翠压模的做法主要集中在低端产品。为了降低成本，提高工作效率，从而通过将天然翡翠边角料细化、磁选、压制、烧结等工艺最终制得与天然翡翠相近的翡翠制品。但毕竟是压制而成的，其美感和价值与天然翡翠有较大差别。

翡翠压模工艺如下。

① 将翡翠边角料作为原料，进行初步碎化，用电磁分选仪进行分离，将磁选出的近无色翡翠粉体添加5%（质量分数）黏结剂（无铅硼酸盐玻璃）和1%（质量分数）致色剂（天然富铬硬玉）。

② 采用高能球磨机进行粉末细化处理。

③ 将翡翠粉末用静压设备压制样品。

④ 通过放电等离子体烧结设备和法兰式高压反应釜进行烧结。

压制翡翠是由翡翠粉末压制而成的，其材料也是翡翠，所以有许有特征与天然翡翠是相近的，比如硬度、折射率、光谱吸收线等。但对于见过很多翡翠样品的行内人而言，压制翡翠还是有破绽的。超声波雕刻机器出现后，这种做假的方法已大大减少。

特征观察如下。

① 压制翡翠的种水相对较差，翡翠整体均匀，无裂隙，表面纯洁，晶体较细腻，颗粒感强，没有天然翡翠的翠性、色根、水筋、棉絮等特性。

② 天然翡翠的一些物性，压制翡翠是难以呈现的，比如出荧光的翡翠、种好色好的翡翠、三彩翡翠、飘色或有点状色根的翡翠等。

③ 压模翡翠的工艺统一，没有变化，颜色一致，有呆滞感，模具黏合处若后期没处理好，甚至能清楚看到拆模处的线条。

④ 天然翡翠的手感较顺滑、自然，压制的翡翠不光滑，有涩感。

⑤ 压模翡翠因使用胶进行黏合，紫外荧光灯下呈粉蓝色或黄绿色荧光；天然翡翠不会有变化。

压模所使用的模具如图6.51、图6.52所示，用压模压出的佛公如图6.53所示。

图6.51　压模所使用的模具（一）

图6.52　压模所使用的模具（二）

图6.53　用压模压出的佛公

6.7.3 镀膜翡翠的鉴别

镀膜翡翠又称作涂膜或喷漆，如图6.54所示。镀膜方法是采用各种颜色胶状高挥发性的高分子材料，类似指甲油状的物质，选择种好无色的翡翠，在其表面把这种黏稠的胶状物均匀地涂抹上去，大多为有绿色的膜，使得翡翠看上去像是高档翡翠饰品。消费者在购买有颜色的翡翠时，一定要多问一句是否为天然A货，是否能够出具证书，以免受骗。

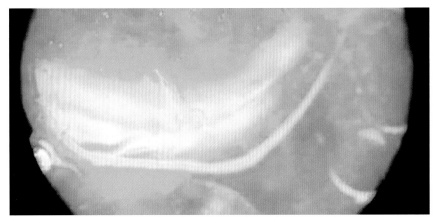

图6.54　镀膜的翡翠

鉴别镀膜翡翠相对简单，行内人士通过肉眼便可辨别，外行人也可通过以下方法鉴别。

（1）观察表面　①用肉眼或放大镜观察，可见颜色仅附于翡翠表皮，没有色根，膜上常见很细的摩擦伤痕。②镀膜的绿色分布均匀，翡翠的正反面颜色都一样，没有天然翡翠呈斑状、条带状、细脉状、丝片状颜色的分布特点。③镀膜翡翠表面的橘皮效应不明显，看不见粒间界线，表面有毛丝状的小划痕。④因其表层的薄膜是用一种清水漆喷涂而成的，折射率仅1.55左右，肉眼观察与天然翡翠也有差别。

（2）手摸　有的镀膜翡翠用手指细摸有涩感，不光滑，天然翡翠滑润，镀膜翡翠可能会拖手，甚至手湿时会有黏感。

（3）刮划　使用硬度较高的硬物（如硬币）轻划翡翠表面，由于翡翠的硬度高于硬币，天然翡翠轻划无妨，而镀膜翡翠的色膜用硬币刮动时，会成片脱落。

（4）擦拭　用含酒精或二甲苯的棉球擦拭，镀膜层会把棉球染绿。

（5）火烧　用火柴或烟头灼烤，镀膜会变色变形而毁坏，天然翡翠则没有什么反应和变化，这属于破坏性实验，一般不使用。

（6）水烫　用温度较高的水或开水浸泡片刻，镀膜会因受热膨胀而出现裂纹，这属于破坏性实验，一般不使用。

6.7.4　焗色翡翠的鉴别

在过去，人们喜欢红色和黄色翡翠的程度甚至超过绿色。红翡是次生形成的一种颜色，为铁矿物浸染而形成的。红翡可分为三种：一是亮红色，也称为"鸡冠红"，为红翡中的上品，极为珍贵；二是暗红色，多接近于原石的边缘分布；三是褐红色，位于原石边缘，因风化淋滤作用而造成的。翡翠的焗色主要就是指对翡翠样品进行加热，使灰黄、褐黄等颜色的翡翠改变成红色的工艺，是一种加热处理的工艺。

（1）焗色的原理　黄色、褐色的翡翠颜色是由于充填在间隙中的次生的含水氧化物褐铁矿（$Fe_2O_3 \cdot nH_2O$）造成的，通过加热可使含水的褐铁矿脱水，形成红色的赤铁矿（Fe_2O_3）。天然的红色翡翠也是由赤铁矿造成的，与焗色的过程一样，只不过在自然的条件下，褐铁矿的脱水过程非常缓慢。由于焗色过程中没有人为地添加染色剂，焗色的红色翡翠和天然翡翠的呈色机制一样，所以焗色被看作是一种可以接受的加工过程，属于优化方法。

按照我国颁布的《珠宝玉石国家标准释义》，热处理宝石（包括翡翠）被视作简单"优化"，列入天然宝石之类，在专业检验机构出具的证书上也不会特别注明，直接视作A货天然翡翠。但对于翡翠老行家而言，天然形成的红翡难度和美感要比焗色的好很多，价格也相差很远。以焗色翡翠充当天然翡翠进行销售，而获取更高利润的方法是不可取的（图6.55）。

（2）焗色的步骤　首先是把要焗色的翡翠原料用稀酸清洗，彻底清除表面的污物和油迹。然后把翡翠样品放在预先准备好并铺有干净细沙的铁板上，再将铁板置于火炉上。也可以用高温的烤箱，缓慢加热，以保证样品均匀加热，加热的温度一般控制在200℃左右，加热过程要观察颜色变化，当颜色变成猪肝色时，就停止加热，并缓缓冷却，冷却后翡翠即会显示出红色。加热的时间根据大小而定，一般是40分钟到一个小时。为了获得鲜艳的红色，在加热时会加醋以达到更好的效果，加热后还可以把已加热变红的翡翠浸泡在

图6.55　天然的红翡润泽度高

漂白水中数小时，使之氧化更为充分。

（3）鉴别焗色翡翠的方法

① 仪器：用红外光谱仪检查翡翠的细小龟裂处。天然翡翠会在 $1500 \sim 1700cm^{-1}$ 和 $3500 \sim 3700cm^{-1}$ 发现有吸收线存在，而焗色翡翠因为水分在煅烧中被蒸干所以不会发现吸收线的存在。

② 肉眼和经验

a. 天然红色翡翠的润泽度、透明度均超过焗色翡翠，焗色翡翠质地较为干燥，显得不自然。

b. 天然红翡的内部石纹会有规律地向一个方向延伸，因为自然加热演变的过程漫长而又柔缓；而焗色翡翠由于是在短时间内突然受到热刺激，因此石纹会杂乱无章或者呈放射状。

c. 因为高温处理时破坏了翡翠的内部结构，因此焗色翡翠在敲击时发出的声音发闷。

天然的翡翠和焗色翡翠如图6.56、图6.57所示。

图6.56　天然的翡翠

图6.57　焗色翡翠

第 7 章

翡翠评估：物以稀为贵

7.1 评估要点：翡翠估价就这几招

翡翠的估价完全依经验和市场变化判断，评估要点只能作为参照对比使用，翡翠的价格是飘忽不定的，无统一标准，评估要点离不开种水、质地、颜色、工艺、瑕疵、裂纹、大小、审美等。极佳的满绿翡翠戒指见图7.1。如表7.1所列把评估要点进行分解，以供读者评估时进行等级比对参照。

图7.1 极佳的满绿翡翠戒指

表7.1 翡翠评估要点（参考欧阳秋眉教授观点）

种水（Transparency）		质地（Texture）	颜色（Color）											工艺（Craftsmanship）	瑕疵（Clarity）		裂纹（Crackle）	大小（Volume）
透光性	水头		浓			正			阳			匀						
极佳	3～2分水	肉眼看不见颗粒	极浓	95%～100%	肉眼感觉暗黑	偏黄	-35%～40%	明显黄色混入	极阳	95%～100%	极鲜艳	极匀	95%～100%	绿色布满	极好	无瑕疵	无裂纹	翡翠的大小、重量也是影响翡翠价值的一个重要方面
佳	2～1分水	偶尔可见细颗粒	较浓	90%～95%	色调较深	稍黄	-5%～10%	肉眼感觉偏一些黄	阳	90%～95%	颜色鲜艳	均匀	80%～95%	80%～95%是绿色	很好	较少瑕疵	微裂纹	
较佳	1.5～1分水	淡绿色细粒，颗粒界限不清	适中	70%～80%	色调恰到好处	正绿	0	最纯正的绿色	较阳	70%～80%	色调尚可	较匀	60%～70%	60%～70%是绿色	好	极少瑕疵	难见纹	
次佳	2～1分水	棕色至暗绿色细粒	稍淡	50%～60%	色调稍淡	稍蓝	-25%～30%	肉眼感觉偏一些蓝	稍暗	50%～60%	色调带灰	较不匀	40%～50%	有一半是绿色	一般	可见瑕疵	可见纹	
欠佳	1.5～1分水	细～中粒，呈斑状	淡	10%～40%	有色但偏淡	偏蓝	60%	明显蓝色混入	暗	10%～40%	有色但偏灰	不匀	25%～30%	25%～30%是绿色	差	易见瑕疵	易见纹	
差	0.5分水	中～粗粒，呈粒状	极淡	0～5%	肉眼感觉无色	偏灰	80%	暗而脏	很暗	0～5%	非常灰无色调	极不匀	10%～15%	大部分是不均匀的颜色	很差	明显瑕疵	明显裂纹	

注：2T — 种水（Transparency）；4C — 颜色、工艺、瑕疵等；IV — 大小（Volume）

7.2 翡翠档次：顶级翡翠比你想象的还少

翡翠行情跌宕起伏，但顶级翡翠在国际拍卖行上从未掉价，根本原因是顶级翡翠太稀有了。如玻璃种起荧光的帝王绿翡翠大约占翡翠的亿分之一，能做成大的蛋面和珠子则更是凤毛麟角，翡翠越高档越具有投资价值。翡翠档次分级金字塔如图7.2所示。翡翠档次对照见表7.2，翡翠档次分级金字塔如图7.2所示。

表7.2 翡翠档次对照表

级别	透明度	颜色	质地	形状标准	工艺	洁净度	完美度
超高档	透光性很好	浓阳正匀的颜色，以绿色紫色和翡色为主	细腻，放大10倍不见晶体	比例超标准	超好，线条简单流畅、留白恰当	10倍放大无明显瑕疵	没有裂纹和解理
高档	透光性好	浓阳正匀的颜色，以绿色紫色和翡色为主	细腻，放大10倍不见晶体	比例标准	好，线条简单	10倍放大无明显瑕疵	几乎没有裂纹和解理
中高档	透光性一般到好	无色或偏色	细腻，放大10倍可见晶体	比例标准	好，主题突出	10倍放大无明显瑕疵	少许裂纹和解理
中档	透光度差到一般	无色或偏色	肉眼可见晶偏体，不均匀	偏薄	好，无明显主题	10倍放大无明显瑕疵	含遥开裂和解理
中低档	不透光	无色或偏色	粗晶体，肉眼可见	比例差	差，线条复杂	肉眼可见明显瑕疵	肉眼可见裂纹或解理
低档	不透光	无明显颜色	粗晶体，肉眼可见	比例差	很差，线条繁杂	肉眼可见明显瑕疵	肉眼可见裂纹或解理

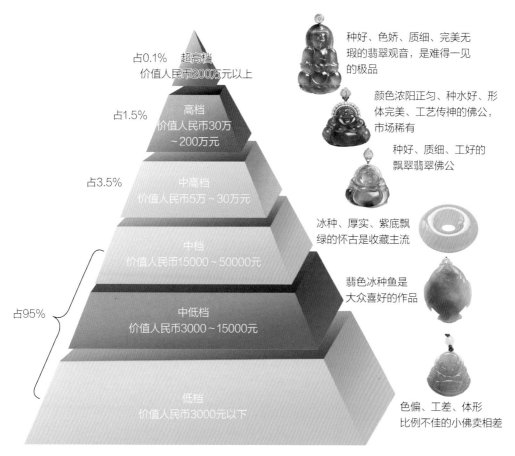

占0.1% 超高档
价值人民币200万元以上

种好、色娇、质细、完美无瑕的翡翠观音，是难得一见的极品

占1.5% 高档
价值人民币30万~200万元

颜色浓阳正匀、种水好、形体完美、工艺传神的佛公，市场稀有

占3.5% 中高档
价值人民币5万~30万元

种好、质细、工好的飘翠翡翠佛公

中档
价值人民币15000~50000元

冰种、厚实、紫底飘绿的怀古是收藏主流

占95% 中低档
价值人民币3000~15000元

翡色冰种鱼是大众喜好的作品

低档
价值人民币3000元以下

色偏、工差、体形比例不佳的小佛卖相差

图7.2　翡翠档次分级金字塔

7.3　翡翠颜色：色差一等，价差十倍

　　绿色翡翠在翡翠中价值最高，也是变化最大的颜色，其形成的机理和元素组成的复杂程度决定了绿色翡翠的表现形式有很大的变数。同样是绿色翡翠，颜色的浓艳程度和丰富程度、均匀程度都会影响价格，再结合翡翠的种水、质地的变化，价格更是千差万别。而同一翡翠材料中含有铬的多少也会极大影响颜色的鲜艳度和饱和度。翡翠的绿色表现形式见表7.3。

　　翡翠的绿色的价值评估，我们常采用对比法。绿色是由三原色中的黄色和蓝色混合而成，翡翠的绿色偏蓝或偏黄都会极大地影响价格。如表7.4所示为翡翠的主要绿色特征表述。图7.3以翡翠的饱和度和明度为两轴进行绿色的标样区别，是翡翠从业者进行绿色比对的重要工具和方法。

表7.3　翡翠的绿色表现形式

形成类型	形成方式	形成的具体描述	岩石特征	质地特征	举例	可做成品
根色	充填式	以机械力为主，含铬溶液沿已有的岩石裂隙进入，一边流动一边结晶。几乎没有置换作用发生矿物的直接沉淀所致，冷却速度相对较快，所形成的绿色翡翠质地较细	① 定向排列，和裂隙延长方向平行；② 由于和周围原来的翡翠不产生交换关系，界线比较清晰；③ 翡翠质地均匀，变化较小，较有规律	质细，纤维质，水头佳，色均匀	后江玉、豆根色、乌根色	吊坠、戒面、少见手镯
团色	交代式	绿色形成是由于置换作用形成的，就是铬离子替代了钠离子形成的	① 颜色形状不规则，与周围岩石有弯曲的边界线；② 晶体无定向排列；③ 可以保存有被置换岩石的构造，如岩石的纹路，裂隙等结构	颗粒中等，中粒状，水头中等，色比较浓	紫色、乌纱种、白底青种	吊坠、手镯
豆色	渗透式	既有充填又有交代形成的绿色，形成的是细脉浸染状的绿色	① 颜色大面积出现，称为"仓色"，但颜色不集中，比较散漫；② 质地较粗；③ 块度一般较大	颗粒较粗，中至粗粒，色不集中	彩豆种、天龙生种、甜豆种	吊坠、手镯

表7.4　翡翠的主要绿色特征表述

主要绿色	特征表述
正绿	绿色纯正，色泽鲜艳，分布均匀，质地细腻，不含任何偏色，是翡翠的最佳品种。这种绿色包括祖母绿、翠绿、苹果绿和黄秧绿四种颜色，其中以祖母绿色泽最浓艳、最纯正
偏黄绿	色调中等，绿色中略带黄色。这种绿色包括黄阳绿、葱心绿、鹦哥绿和豆绿等
偏蓝绿	色调偏暗，绿色中略带蓝色。这种绿色包括蓝水绿、菠菜绿、瓜皮绿、蓝绿和见绿油青等。见绿油青，即半透明，带较深的蓝色调，只有用灯光照射时才显绿色
灰黑绿	色不鲜艳，色调发暗，绿色中夹带灰黑色，一般档次都不高。这种颜色包括墨绿、油青、蛤蟆绿和灰绿等

　　翡翠的绿色由于形成的原理不一样，对其饱和度会有影响，翡翠从业者也会根据绿色的形成方式进行价值判断。如根色形成的绿色翡翠常出现质细种好的成品，一般价值看高；团色的绿色翡翠颗粒中等，但有机会出大件满绿手镯和坠子产品，也是较受欢迎的品种；豆色的绿色翡翠由于晶体较粗，密度不高，一般种水较差，价值看跌（图7.4）。

　　其他的翡翠颜色也同绿色一样变化很大。影响颜色的因素综合起来就使得翡翠颜色差一点，就会影响翡翠的品质，因此价格会有极大的差异。

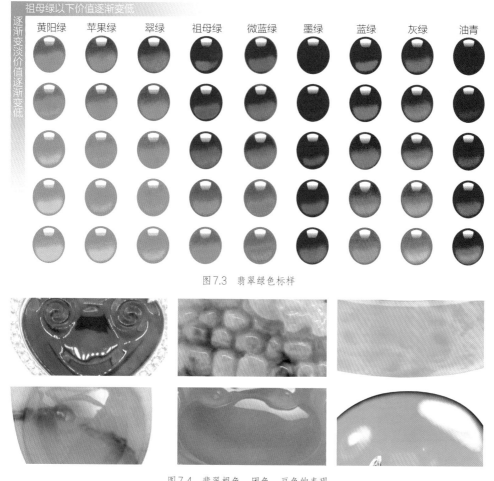

图 7.3　翡翠绿色标样

图 7.4　翡翠根色、团色、豆色的表现

7.4　价值影响：揭秘影响翡翠价格的根源

影响翡翠价值的因素主要有材质、颜色、美感、工艺水平和瑕疵以及客户的喜好程度等。重中之重就是美感和客户的喜好程度，美感好且稀有，客户的喜爱程度就高，价值也就高。反之，则无人问津，价值低下。

7.4.1　工艺对翡翠价值的影响

翡翠成品从用料、工艺等角度可分为素面制品和雕花制品两大类型。制作素面制品对材料的要求比较严格，必须是没有明显瑕疵的材料，但评价的标准相对比较简单，主要看成品的轮廓形态是否优美，三维尺寸是否合适，加工工艺是否精细等，因而工艺因素对素面制品的影响比较小。但是对于有较大瑕疵的材料制作的翡翠花件、摆件等花雕成品来说，工艺就非常重要了。

7.4.1.1　翡翠素面制品的工艺评价

（1）戒面　翡翠戒面有蛋面、马眼、马鞍和方形戒等多种样式。在工艺上要求戒面的腰围轮廓不仅要曲线圆滑优美、上下左右对称，而且长度和宽度还要达到一定的比例要求。此外，对戒面的弧面和底面的形状也有一定的要求，弧面的高度要能够满足戒面具有浑圆饱满外观的要求，即对戒面的厚度与宽度之间也有一定的比例关系。另外根据翡翠的剖面形态，戒面还可分挖底型、凹凸型、平凸型、双凸型4种形式，双凸型的戒形最为饱满，平凸型次之，凹凸型再次之，挖底型则用于透明度不好的材料。翡翠戒面还有最佳大小的要求，过大的戒面不适宜佩戴，材料不足会造成戒面过小，不能充分展示翡翠的美感（见表7.5，图7.5～图7.7）。

表7.5　翡翠戒面比例标准

类型	弧度百分比
挖底型	15%～20%
凹凸型	50%～60%
平凸型	100%
双凸型	110%（8：2）
	120%（9：1）

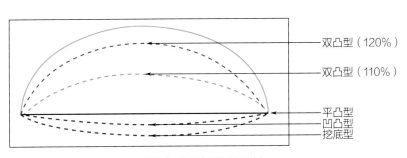

图7.5　翡翠戒面的剖面形态

图7.6　比例较佳的阳绿翡翠戒面

图7.7　比例较好的翡翠戒面

（2）玉扣类　玉扣类包括玉扣、玉璧和怀古三种。玉扣类不能太厚，也不可太薄。过薄的原因多因为不妥当的取料，如本来只能够切成两片的材料切成三片，太薄外观不丰满，美感不够。过厚则有笨重感，都是不好的切工。玉扣分类标准见表7.6，如图7.8所示为比例均匀的怀古。

表7.6　玉扣分类标准

名称	厚度比（厚度：直径）	直径 /mm
玉扣	（0.1～0.2）：1	8～10
怀古	（0.2～0.3）：1	16～25
玉璧	（0.2～0.4）：1	25～35

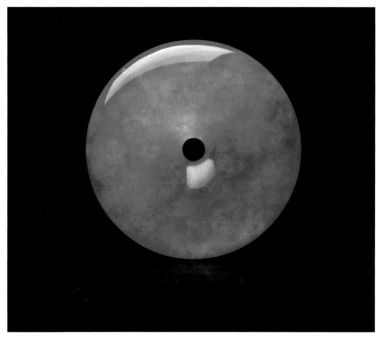

图7.8　比例均匀的怀古

（3）手镯　手镯是对原料要求最高的素面材料，一般一块材料首先考虑是否能做手镯。手镯根据其圈口的粗细、形状和内孔的大小可以分为圆镯、柔姿镯、扁条镯、鹅蛋镯和童镯等类型。

圆镯是最常见的、最传统的手镯样式，其圈口横截面为圆形，其条径可分粗细两类，粗的条径为10～14mm，细的条径为6～8mm。细条径的手镯称为柔姿镯，柔姿镯清透雅气，很受欢迎。扁条镯的圈口断面为半圆形，外侧呈圆弧形面、内侧呈平面弧形的扁条镯，这种手镯戴在手腕上比较轻巧舒服，而且增大了手镯的圈口又节省了用料，还因厚度减薄而提高了透明度，如图7.9所示。鹅蛋镯是一种圈口为椭圆形的扁条镯，因圈口的形状与鹅蛋相似而得名，这种圈口的手镯戴上和取下都比圆形手镯容易。童镯往往是用取手镯后留下的圆芯片来制作的，只适合婴幼儿佩戴。手镯工艺标准的比例参数见表7.7。

图7.9 标准圈口的扁条镯

表7.7 手镯工艺标准比例参数

名称	条径 /mm	圈口直径 /mm
圆镯	6～14	54～56
柔姿镯	6～8	52～54
扁条镯	8～12（宽度）	54～56
鹅蛋镯	8～10	短径（40～45）×长径（52～56）
童镯	6～8	35～40

（4）素面翡翠的加工评价 素面翡翠的切工可以从以下5个方面进行评价，即轮廓形态、对称性、比例、大小和抛光。

① 轮廓形态：指轮廓曲线和弧面的形状，要求线条连续流畅，弧面圆滑。

② 对称性：素面翡翠要尽可能做到对称，例如戒面的腰围轮廓线必须左右和上下对称。

③ 比例：素面翡翠的长、宽、高尺寸参数要尽可能达到协调和谐。

④ 大小：素面翡翠的大小也应该符合实际佩戴的要求，过大和过小都会影响翡翠的价值。

⑤ 抛光：素面翡翠的抛光度要求精细，尽量少出现橘皮效应，要达到"出水"即玻璃光泽的程度，油脂光泽则次之，蜡状光泽更次之。抛光的好坏除可以根据光泽判断外，还可用10倍放大镜观察表面上的"砂眼"多少进行判定。抛光很好的，砂眼极少，次为少量砂眼，再次为较多砂眼，更次为明显砂眼。

根据以上5个方面可以把素面翡翠的切工级别划分为优等、良好、一般和差等4个级别，定义如下。

① 优等切工：素面翡翠的轮廓优美，对称性好，比例和大小适当，抛光精美，光泽强。

② 良好切工：与优秀切工比较，5个方面中有一项略微达不到要求。

③ 一般切工：与优秀切工比较，多个方面中达不到要求。

④ 差等切工：5个方面中大部分达不到要求。

素面翡翠工艺的比例及评价和翡翠切工质量分级评价见表7.8和表7.9。

表7.8 素面翡翠工艺的比例及评价

造型	标准	略宽（短）	宽（短）	太宽（短）	略窄（长）	窄（长）	太窄（长）	极窄（长）
椭圆形	（1.20～1.40）：1	（1.19～1.15）：1	（1.14～1.10）：1	1.09：1以下	（1.41～1.50）：1	（1.51～1.70）：1	（1.71～2.00）：1	2.01：1以下
马鞍形	（2.20～2.70）：1	（2.19～2.00）：1	（1.99～1.80）：1	1.81：1以下	（2.71～2.90）：1	（2.91～3.20）：1	（3.21～3.70）：1	3.71：1以上
马眼形	（2.10～2.50）：1	（2.09～1.90）：1	（1.89～1.70）：1	1.69：1以下	（2.51～2.70）：1	（2.71～2.90）：1	（2.91～3.20）：1	3.21：1以上
梨形	（1.20～1.40）：1	（1.19～1.10）：1	（1.09～1.00）：1	0.99：1以下	（1.41～1.50）：1	（1.51～1.65）：1	（1.66～1.90）：1	1.91：1以上
心形	（0.90～1.51）：1	（0.89～0.80）：1	（0.79～0.70）：1	0.69：1以下	（1.16～1.25）：1	（1.26～1.35）：1	（1.36～1.50）：1	1.51：1以上

表7.9 翡翠切工质量分级评价

切工分级	非常好	很好	好	不甚好	差
造型（轮廓）	很标准	标准	一般	不正	歪斜
工艺	非常细致	细致	一般	稍钝	粗糙
对称	很好	好	一般	稍差	差
比例	很好	好	一般	稍差	差
厚度	双凸	适中	中等	薄	挖底
修饰	完美	好	无大缺憾	有明显瑕疵	非常差

如图7.10所示，优等工艺的素面翡翠耳坠轮廓优美。

图7.10　优等工艺的素面翡翠耳坠

7.4.1.2　翡翠花件的工艺评价

翡翠花件的工艺评价与素面制品不同，在重视比例的同时，要关注以下几个方面。

（1）用料干净与否　翡翠作品上有无可见的瑕疵，如杂色、裂纹等，好的"用料"要把玉器上这些缺陷通过挖空、做花加以掩盖，就是行内所谓的"随缕做花"。如果玉器上出现瑕疵，其造型再好也是有缺陷的，对价值的影响很大。

（2）颜色得到体现　翡翠除了要显示质地美外，更重要的是显示出色彩的美感。"追色"就是要用最能体现颜色的造型，把最好的颜色突出，起到画龙点睛的作用。

（3）俏色的利用是否恰当　对本来与主体颜色不一致的脏或色加以巧妙利用，使之成为玉器中不可缺少的组成部分，形态自然又别开生面。但不能牵强附会，与整体造型不融为一体。

（4）造型是否完美　要求形象清晰、美丽、逼真、生动，富含情趣，同时还要求主题突出和品相完美。造型有缺陷、不自然的，往往是材料不够。

（5）做工质量是否精细　翡翠的线条、弧面、平面是否流畅，不呆滞，无断线，抛光是否精细到位，光泽是否达到温润出水的效果。

（6）工艺是否能表达主题　工艺是否能表达作品主题，是否有助于提升翡翠作品的整体美感。

如图7.11所示为工艺细腻的凤牌。

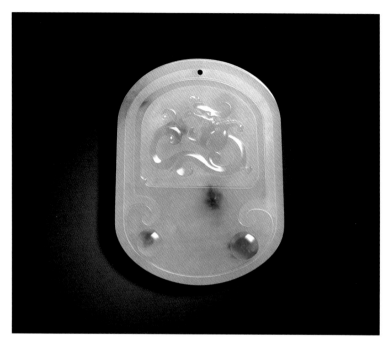

图7.11　工艺细腻的凤牌

7.4.2　材质对翡翠价值的影响

材质对翡翠价值的影响是直观的，也是翡翠价值影响的重要且直接的因素。主要是种水质地颜色，特别是绿色对价值影响巨大。

7.4.2.1　翡翠种水的对比

翡翠种水的对比评价要点见表7.10。极好级别和中级别种水的翡翠如图7.12、图7.13所示。

表7.10　翡翠种水的对比评价要点

级别	评价要点
极好	半透明，近于透明，水头足，3分水（光线可透进翡翠内部9mm），常常有起荧光的效果
好	半透明，水头可以，2分水（光线可透进翡翠内部6mm），有很强的玻璃光泽，反射光强
中	半透明到微透明，水头短，1分水（光线可透进翡翠内部3mm），玻璃光泽，有种朦胧似透非透之感，行内常称之为冰种
差	不透明，水头干，光线不透进，光泽不好，有干涩感

图 7.12　极好级别种水的翡翠

图 7.13　中级别种水的翡翠

7.4.2.2 翡翠的质的对比

翡翠的质的对比评价要点见表7.11。按粒径粗细划分的结构如图7.14～图7.17所示。

表7.11 翡翠的质的对比评价要点

划分标准	评价要点
按粒径粗细划分	粗粒结构（＞2mm）：颗粒十分明显，有粗糙感，很干的感觉，不透明，例如粗豆种
	中粒结构（2～1mm）：颗粒肉眼可见，如豆种
	强粒结构（＜1～0.5mm）：颗粒肉眼不明显，10倍放大镜下可见
	微粒结构（＜0.5～0.1mm）：颗粒肉眼不能见到，透光性较好
	隐晶结构（＜0.1mm）：晶体较小，显微镜下难以看到颗粒，质细，具柔和感，透光性好，多数为玻璃种或冰玻种
按矿物颗粒形态划分（微观放大）	短柱状结构，颗粒由短柱状晶体组成
	柱状结构，颗粒由条柱状晶体组成
	纤维状结构，颗粒由剑柱状晶体组成
	纤维粒状结构，同时有两种不同晶形存在但以粒状结构为主
按结晶颗粒之间的结合方式划分	颗粒边界不明显（锯齿状边界），例如老坑种，多数透光性好
	颗粒边界模糊（弯曲状边界），例如芙蓉种，透光性中等
	粒边界清楚（直线状边界），例如豆种，透光性很差

图7.14 微粒结构

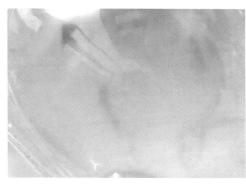

图7.15 强粒到中粒结构

图 7.16　隐晶结构

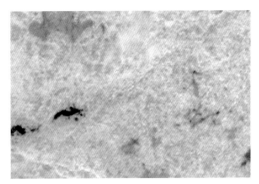

图 7.17　粗粒结构

7.4.2.3　翡翠的地（底）的对比

翡翠的地（底）的对比评价要点见表7.12。

表7.12　翡翠的地（底）的对比评价要点

地的种类	评价要点
玻璃地	完全透明，结构细腻，韧性强。玻璃种的极品又叫作老坑玻璃种，所谓老坑是指翡翠砾石在河床中浸泡的时间长，玉质细腻纯净，透明度高。这一品种的翡翠透明度最高
冰种和冰地	像冰块一样透明，有时可见冰花。与玻璃地相比，冰地翡翠稍显浑浊，是仅次于玻璃地的品种
冰地飘蓝花	冰地翡翠中分布云片状的蓝花或蓝绿花
金丝种	冰地的翡翠中艳绿色呈丝带状分布
糯米地	质地如刚出锅的糯米年糕，细腻油亮，透明度差
蛋清地	质地如同鸡蛋清，玻璃光泽，透明至半透明，质地纯正，杂质少，有时可见少量棉絮
清水地	透明如水，泛着淡淡的水青色调
蓝水地	类似清水地，色偏蓝
紫水地	泛紫色调的半透明翡翠，背景为淡淡的紫色
浑水地	透明度比清水地差，比米汤地透，色偏灰
米汤地	透明度差，似米汤样混浊，质地看上去比清水地疏松
芙蓉地	指颜色为中至浅绿色，半透明至亚半透明，质地较豆种细腻
豆青地	半透明，豆青色地子，常见有豇豆绿色和灰绿色
花青种	质地不透明到半透明，青绿色或暗绿色在翡翠中不规则分布
白底青	常见的翡翠品种，其特征是质地较细，底色白，绿色艳，呈翠绿至黄杨绿的颜色，绿色呈片状分布

地的种类	评价要点
油青种	其颜色为带有灰加蓝或黄色调的绿色，透明度较好，一般为半透明，结构细腻，质地坚韧
干青种	不透明，颜色为饱满的阳绿色或暗绿色，结构疏松，裂绺发育。常切成薄片用作戒面或雕刻成各种小挂件，这种翡翠全部为原生矿
细白地	半透明，细腻，色白，如果光泽好，也是好的玉雕原料
瓷白地	不透明，白色，有烧瓷的感觉
灰地	像石灰或炉灰一样松散的质地，一般用来加工 B 货翡翠

注：地（底）和种水是对翡翠的结构致密性和宏观背景的综合评价，两者既统一又各有侧重点。种水侧重于结构的致密性，地（底）则侧重于宏观背景。

翡翠的地（底）的种类如图7.18所示。

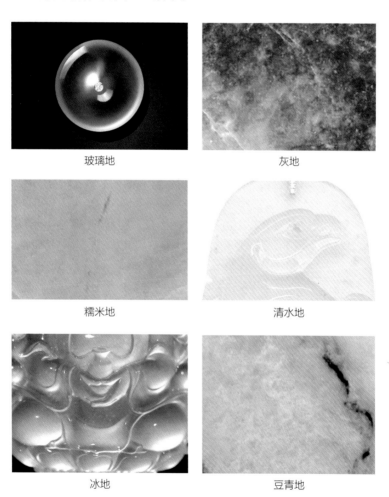

玻璃地　　　　　　　　　　　　　灰地

糯米地　　　　　　　　　　　　　清水地

冰地　　　　　　　　　　　　　豆青地

图7.18　翡翠的地（底）的种类

7.4.2.4　翡翠的颜色的对比

翡翠的颜色的对比评价要点见表7.13。翡翠六种主要的颜色如图7.19所示。

表7.13　翡翠的颜色的对比评价要点

颜色	评价要点
翡翠的绿色	纯正的翠绿色是由 Cr 类质同象取代硬玉晶体中的 Al 形成的，以"浓、阳、俏、正、和、淡、阴、老、邪、花"这十字口诀来评价翡翠的绿色，所谓"浓"就是绿色饱满、浑厚，浓重而不带黑色；绿色浅，色力弱则为"淡"；"阳"是指颜色鲜艳、明亮；绿色晦暗，没有光彩则为"阴"；"俏"指颜色明快；"老"指色发暗，不明亮；"正"指色不偏；"邪"则相反，偏黄或偏蓝，一般认为偏蓝比偏黄者邪；"和"是指绿色均匀柔和；若绿色呈点状、峰状、块状等分布不均匀则谓之"花"
翡翠的白色	白色翡翠的化学成分为 $NaAl[Si_2O_6]$，由于不含致色元素而呈现白色，杂质少，出荧光的白色翡翠很讨喜
翡翠的紫色	紫色是由含有少量的铁和微量的锰而形成的，翡翠的紫色一般都是比较淡的，可分为粉紫色、蓝紫色、茄紫色。俗话说"十春九木"，紫色的翡翠很少有种水好的
翡翠的红色	红色是翡翠原石露出地表之后遭受风化作用形成的，它的颜色主要是由赤铁矿浸染所致，以色调深、浓、俏丽者为上
翡翠的黄色	黄翡是红翡的次生色，主要是黄色到褐黄色的翡翠，是次生矿物褐铁矿的表现颜色，以色调浓、匀、甜者为上
翡翠的黑色	通常有三种，一是硬玉质翡翠（乌鸡种），灰黑至黑灰色，翠性结构明显，主要由硬玉矿物组成；二是绿辉石质翡翠（墨翠），黑色绿辉石质翡翠反光之下呈现黑色，但在透视光下看呈深绿色，主要矿物为绿辉石，仅有少量的硬玉、钠铬辉石和极少量的黑色物质；三是钠铬辉石质翡翠（黑干青），莫氏硬度比硬玉质翡翠低，一般为 5～5.5

注：除了墨翠外，其他翡翠颜色的观察与评价需要在反射光下进行。墨翠颜色的观察评价需要结合反射光和透射光。

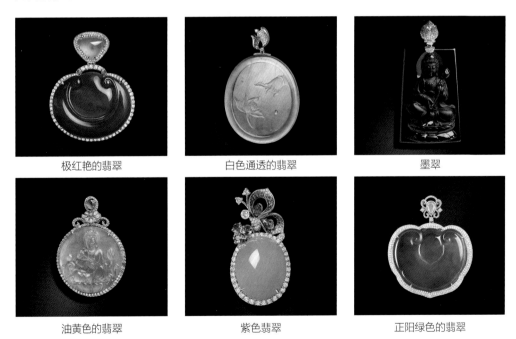

极红艳的翡翠　　　　　白色通透的翡翠　　　　　墨翠

油黄色的翡翠　　　　　紫色翡翠　　　　　正阳绿色的翡翠

图7.19　翡翠六种主要的颜色

7.4.3　颜色对翡翠价值的影响

绿色翡翠鉴赏有四字口诀："浓、阳、正、匀"，再加一点，"种色照应"，基本就能讲清楚翡翠的颜色了（其他颜色可以参照这个标准进行判断）。

（1）浓　指绿色有力度，不弱，让人觉得有一定的浓度；反之是"淡"，指绿色浅，显示无力。当然，绿色也不是越浓越好的，要浓而艳，浓而不偏深，不偏灰，不偏蓝。

（2）阳　指翡翠绿色的明亮程度，可以说，阳是用来平衡"浓"的，好的翡翠绿色，要绿得浓，但不偏暗，不阴，不灰暗。

（3）正　指翡翠颜色的纯正程度。大家都知道，绿色是蓝色和黄色调和而成的，蓝色和黄色的多少会影响绿色的色调。蓝色多了容易显得比较沉闷，黄色多了容易显得比较爽朗。当然，最怕绿色中带有灰的色调了，颜色一旦灰了，就有脏兮兮的感觉。

（4）匀　指翡翠颜色在作品中分布的均匀程度。翡翠是多晶体的，颜色不均匀是很平常的现象，但颜色越均匀，越难得，价值也越高。

除了以上四个方面，颜色和质地的照应也很重要。翡翠的颜色要和质地相配合，行话叫作"照应"，也就是色好，种也好。只有种好，质地细腻，才会有灵动的感觉。种好的翡翠，绿色在细腻质地的映衬下会显得更均匀、更美，而质地粗的翡翠，绿色会显得木讷，不耐看。如图7.20所示为浓、阳、正、匀的翡翠蛋面。

在不同的翡翠作品中，对以上四个方面的着重点又有所不同，比如，在手镯中，因为作品用料大，对均匀程度要求没办法那么高，不均匀的感觉反而可以形成美丽的"配景"，是另一种美。而在戒面的评价中，绿色的均匀和饱满更为重要，绿色的艳丽程度也很重要（翡翠的其他几种颜色也可以参照以上的口诀来进行品评）。

在观察评估一件翡翠的颜色时，还需要注意光线、背景、陪衬等条件。对翡翠的种水、颜色、工艺、整体效果和大小进行客观的比对和分析，才能比较正确到位地评估翡翠的颜色。

（1）光线　俗话说"月下美人，灯下玉"。翡翠在灯下一般会更漂亮，行家把这种现象叫作"吃光"（色浓种干的翡翠一般比较吃光），"不吃光"就是在灯下不漂亮的翡翠。颜色是有了光才有的，无光，则没有色的感觉，所以颜色的观察，需要在正确的光线下进行。鉴赏和评估翡翠适宜在自然光下进行（北半球，一般是朝南的窗户，早上10点到下午4点之间的阳光为最佳）。

需要注意，用反射光线看色和判断种水，用透射光线判断质地和瑕疵的分布。

图7.20 浓、阳、正、匀的翡翠蛋面

（2）背景 背景对鉴赏、评估翡翠同样十分重要。不同色调的翡翠用不同的背景衬托效果不同。白色的背景容易掩盖晶体较大的翡翠中的棉絮，在白色背景上，眼睛往往会比较容易被绿色吸引，白的结晶颗粒会显得不明显，翡翠中的绿色会显得更绿。而在黑色的底上，翡翠中的白棉会比较明显，但种好的翡翠会显得比在白底上透明度更好。如果翡翠色偏，放在黑底上，会显得艳丽些，种也显好。如果，选裸石戒面来镶嵌，为了考察出货效果，可以把蛋面放在金箔纸上来观察镶嵌效果。

（3）陪衬 评价翡翠时，周围的翡翠也会影响判断力。藏家有可能会有这样的收藏经验：买翡翠的时候觉得很好，买回来以后却觉得不理想。很可能是因为买这件翡翠时，其他陪衬的翡翠要比这件东西差很多（种水差、颜色偏），使这件东西就会"鹤立鸡群"，显得特别突出。但其实只有商家有许多旗鼓相当的作品让你比较时，你才可以做出更好的判断。如果买绿色翡翠作品，不妨戴一件自己喜欢的绿色翡翠戒指来比较颜色。

7.4.4 瑕疵及内含物对翡翠价值的影响

瑕疵和裂绺的形态、大小、位置和成因不同，均会不同程度地影响翡翠的价值。

（1）瑕　瑕是指翡翠中各种暗色斑点，又称"苍蝇屎"。这种暗色斑点有黑色、墨绿色和褐色等，它们有原生，也有次生的，原生的有钙铁辉石、钠铬辉石、霓石、阳起石和金属矿物颗粒等，次生的主要为沿晶洞和裂隙分布的铁锰质金属矿物。次生的瑕疵不但影响美观，而且影响价值，在翡翠评价中起重要的作用。如果瑕斑太暗，位置又影响翡翠饰品的美观，将大大降低其价值。如果瑕斑的形态和位置适宜，颜色和背景又形成呼应，再加上雕刻师巧妙的设计，它能起到画龙点睛的作用。这样的瑕斑就变成了"俏色"或"巧雕"，增加了翡翠的卖相，也就增加了价值（图7.21）。

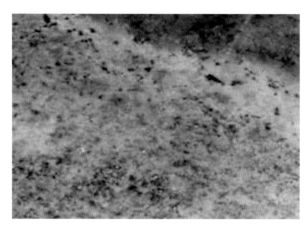

图7.21　原石中含有各种暗色瑕斑

（2）疵　疵是指翡翠中天然生长的小晶洞或局部出现白色粗大的硬玉矿物晶体，大者肉眼可见，微者用10倍放大镜可见，晶洞内有时可见小晶簇（图7.22）。

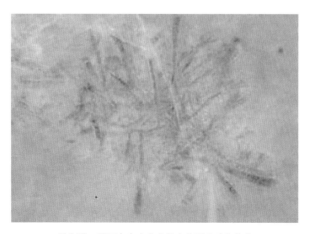

图7.22　原石中含有白色粗大的硬玉矿物晶体

（3）裂　裂就是裂隙，是指由于力的作用在翡翠中形成的裂隙状错位，按形成原因可分为原生和次生裂隙两类。原生裂隙是翡翠被开采之前由于地质作用形成的节理和裂隙，可分为裂隙和晶隙两种。

① 裂隙，是未被胶结的原生裂隙，用手指甲能感觉到裂隙的存在，10倍放大镜下可见空隙，这是传统意义上的"裂"，它严重影响翡翠的坚固性，特别是含有裂的手镯被视为残品。裂隙有时被表生地质作用过程中的铁锰质矿物充填，充填物多为暗色，而形成石纹假象，它对翡翠坚固性的影响等同于裂隙（图7.23）。

图7.23　质地松散的翡翠中出现的小裂隙

② 晶隙，指低档翡翠中矿物结晶颗粒粗大，矿物颗粒之间形成微小的蜘蛛网状间隙，明显者肉眼可见，微细者10倍放大镜下可见。这种翡翠成品经抛光后在其表面形成蜘蛛网状淡绿色抛光粉残留。糙灰地、糙白地和瓷地翡翠由于结构疏松、质干无水，常出现这种网状小裂隙，翡翠韧性大为降低。次生裂隙是翡翠从开采到进入市场这一过程，由于人的因素形成的破损裂隙，含有这种裂隙的翡翠饰品属于残品。

（4）筋　它是在早期地质作用过程中形成的裂隙被后期地质作用过程中的矿物充填胶结，胶结物可以是暗色，也可以是浅色的，这种裂隙又称"石纹"或"石筋"。它不影响翡翠的坚固性，只是造成视觉上的差异，用手指甲感觉不到裂隙的存在，10倍放大镜下不见空隙（图7.24）。

（5）绺　绺是指浅色矿物以棉絮状或纤维状分布在翡翠内部，这些矿物多为白色辉石、沸石和长石，绺成片出现就形成了雾。少量的绺对翡翠的坚固性没有影响，仅造成视觉上的差异。如果绺所处的位置和形态影响饰品美观，将降低其价值（图7.25）。

（6）松花　松花是呈斑点状分布的绺，就像剥壳的松花蛋表面的浅色松花状斑点。无色玻璃地翡翠中常见这种像雪花一样的松花斑点，雕刻师处理得好，有时反而为玻璃地翡翠增加些许神韵（图7.26）。

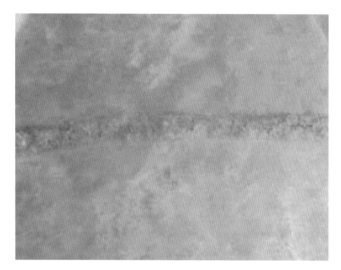

图 7.24　石筋不影响翡翠的坚固性

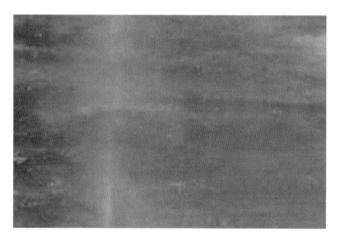

图 7.25　绺成片出现就形成了雾

图 7.26　松花为翡翠增加些许神韵

7.5 翡翠价格：翡翠从矿上到成品如何完成利润蜕变

翡翠行业的产业链横跨中国和缅甸两国，产地地理位置复杂，气候多变，军事冲突不断，原矿开采和加工地分散，市场覆盖区域广。于是珠宝界普遍认为翡翠"水很深"，从原矿到成品的产业链细分成许多小块的市场。从原石开采、缅甸原矿投标、国内二次投标、切割、加工雕刻、镶嵌设计到市场批发、零售市场8个环节。过程中变化莫测，稍有不慎，翡翠的价格就有可能发生变化。

翡翠从矿上到消费者手中的变迁和费用产生如图7.27所示。

寻矿、租矿及开采过程中产生开采成本

每年缅甸政府组织的内比都拍卖产生拍卖溢价和税收

在国内平洲、揭阳、盈江等地进行二次拍卖过程产生的运输成本、税费、拍卖溢价

雕刻设计加工成本费用和创意溢价

设计镶嵌产生的成本费用和创意溢价

批发和零售流通过程产生的税费和溢价

图7.27　翡翠从矿上到消费者手中的变迁和费用产生示意

第 8 章

翡翠收藏：只收对的，不收贵的

收藏不同于翡翠投资和购买。收藏是对翡翠美的一种欣赏和认同。收藏并非为了买卖，也不是为了跟潮流而采购，收藏是悦己悦人的一种过程。只收对的，不收贵的，这是翡翠收藏家的重要原则。这里对的标准也是因人而异的，重点是喜爱。当然也有许多"以卖养收"的收藏家，他们的出发点也基本相同，只是收藏也需要与时俱进，但基本的原则和要素是一致的。

8.1 收藏要素：喜爱是收藏的基础

收藏的要素虽然因人而异，但要少走弯路，减少后悔，质量高、体量好、配套难、工艺佳、跟主流、求精品等的基本观点是一致的。而最根本的还是喜爱，喜爱是收藏的基础。翡翠收藏要点见表8.1。

表8.1　翡翠收藏要点

要素	收藏要点
质量高	具有稀缺性，种色质地齐好的完美无缺的翡翠（如祖母绿色翡翠蛋面）
体量好	石头取料尽可能用料大的物件，如种水好的宽板手镯（翡翠多绺裂，高质量的手镯因体量大，制作要相对困难），吊坠以厚庄的好
配套难	收藏同一材料的整套作品，如数量多的珠链或套链（数量多时颜色均一较困难）
工艺佳	最好的翡翠作品雕工往往简单流畅，比例协调，繁简得当，取巧用色，工艺传神，创新别致，文化内涵丰富。摆件和把玩件就更加讲究工艺方面的设计和高超的雕工、艺术效果的凸显
跟主流	价格和收藏方向尽可能参考国际拍卖公司与国内大拍卖公司的最近消息，如中国香港佳士得、苏富比和中国嘉德等的拍卖方向和情况，跟随市场前沿和主流走才不致盲目投资
求精品	从收藏投资角度思考，好东西不在多而在精中选精，宁可用买十件普品的价格来买一件精品

图8.1～图8.6是一些精美的翡翠收藏品，作为收藏案例，供参考。素净饱满的蛋面、葫芦和豆荚等翡翠对材料要求高，是收藏的好选择；条子饱满、颜色均匀的满绿手镯并不多见；高档珠链用料大、取料难，属于收藏中的大项目；工艺精良的摆件在市场上实属难得。

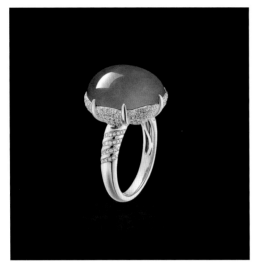

图8.1　完美的蛋面

图8.2　满紫搭珠链

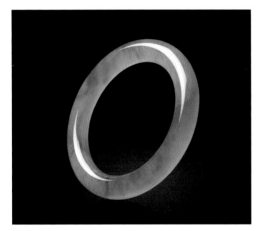

图8.3　种好满绿的手镯

图8.4　体形饱满的厚重吊坠

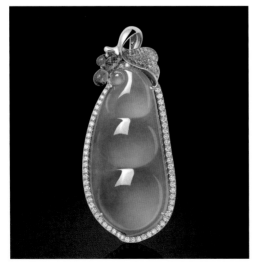

图8.5　种好、色绝、设计美的吊坠

图8.6　工艺绝佳的透雕摆件

8.2 收藏误区：99%新手会进入的误区

翡翠主要收藏误区和正确的观点见表8.2。

表8.2 翡翠主要收藏误区和正确的观点

序号	错误观点	收藏误区	正确的观点
1	量多风险小	以量取胜，先价低后价高，减小风险	数量多不一定风险小，品质和受喜爱程度才是关键，树立精品意识很重要
2	原石机会多	原石利润高，周期短，有机会找漏	原石从矿上运下来，经过买卖，到达收藏者手中往往已有无数人鉴定过，找漏机会极低。原石存在极大的不确定性，不懂工艺和翡翠矿的成因者往往会有极大的妄想和误判，入门者最好是收藏美丽的、信息透明的成品。原石收藏最好在对成品有一定理解的基础上，选择较好的渠道参与
3	绿色翡翠就是好	把绿色作为收藏翡翠的唯一条件	相同条件下，绿色的翡翠比较受欢迎，价格也较贵。但是只以绿色为唯一条件而不重视种水、质地和工艺是很不科学的。要综合评价，以整体品相好为导向
4	翡翠越老越好	收藏老的翡翠	翡翠进入我国的时间是明朝后期，历史并不太长。市场上所说的老坑和新坑之说主要是为了区分老矿口和新矿口，老坑出精品概率高，但并不是老矿口（如老帕敢矿）就出绝对的好翡翠
5	找大店收好货	相信大店会有好东西	翡翠的收藏要找信誉过关、有多年传承和底蕴的商家进行收藏。有时候店不大，却有好东西，最重要的是长期信誉和对翡翠行业的深入程度
6	想快进快出获利	想要像股票一样快进快出套利	由于行业特点，翡翠行业至今没有二级市场，也没有严格意义上的价格标准，收藏心态要摆正，量力而行
7	以自己喜好收藏	没有收藏方向和定位，喜欢就收	收藏需要有一定的知识积累，定位好方向，确认收藏原则，精中选精
8	价高就是好	相信价格高的就是好的	不懂得翡翠就着手收藏者往往以价格为选择标准。但翡翠没有统一价格，不同商家之间，因渠道、成本、设计等不同，定价差别往往较大，应找有诚信、声誉好的商家
9	跟时尚	市场流行什么就收什么	虽然流行都有其道理，但收藏要有自己的想法和审美情趣。翡翠的款式和工艺每两年就会有很大的改变。最好收藏经典的产品，如品相形体好的蛋面
10	绿色越均匀越好	片面强调选购绿色均匀的作品	鉴定翡翠的四字要诀为"浓、阳、正、匀"（见前文解释），这四者中"阳"和"正"对价格的影响最大。翡翠颜色还需要与种水结合评价，不能简单强调某一方面的因素
11	越稀有越值钱	收藏了特别少有的各种翡翠	稀有的翡翠一定要符合美学原则，同时还要具备质地好的条件，这样才真正"值钱"

8.3 收藏流程：让你减少收藏犯错的方法

翡翠收藏流程如图8.7所示。

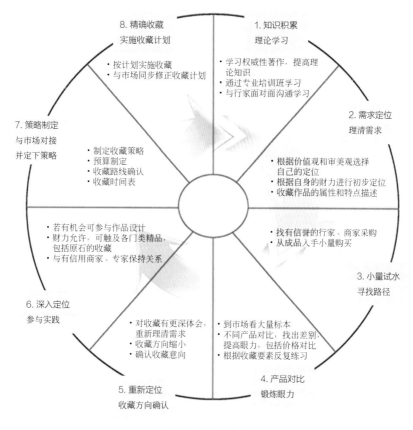

图8.7 翡翠收藏流程

8.4 收藏级别：收藏没有最好只有更好

不同级别的收藏品与收藏者的背景和出发点有关，我们简单分成配饰级、玩赏级、收藏级和传家级，如图8.8～图8.11所示，不同级别的收藏品要求是不太一样的。

图8.8 寓意福气的冰种翡翠（配饰级）

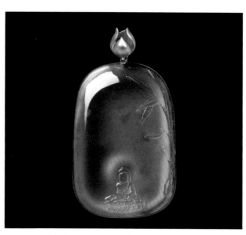

图8.9 种好工细的晴底吊坠（玩赏级）

图8.10 三彩兰花摆件（收藏级）

图8.11 口径标准的好种满绿手镯（传家级）

8.5 收藏渠道：让你提高效率降低成本

从原石到半成品直到成品，收藏品类不同集散地和收藏的渠道是不同的，比如原石最直接的场地就是矿区，但普通人进不去，也买不到。缅甸政府组织的拍卖会每年在内比都举办，一般收藏者进不去或不一定能在合适的价格拍到。二级和三级的原石在云南边境和平洲都有，同样的问题，一般收藏者是进不去或拍不到的。所以渠道是要因人因时进行调整的，合适的才是可行的。翡翠主要投资项目、地点和渠道特点见表8.3，图8.12～图8.15为主要的翡翠市场。

表8.3 翡翠主要投资项目、地点和渠道特点

投资项目	地点	渠道特点
原石投资	广东平洲、揭阳的公盘	拍卖的形式，为暗标。广东的平洲和揭阳，参加公盘要成为会员，需要有人推荐。平洲公盘材料较多，各种品质均有，揭阳2018年进行了三次公盘，主要为品质较好的材料
	缅甸公盘	拍卖的形式，暗标，也有明标。大的、规律性的公盘是每年3月、7月、10月3次，参加的人比较多，有投资商、翡翠从业者等。需要推荐人和保证金，同时需要的资金量比较大
	云南盈江的公盘	拍卖的形式，暗标
	腾冲的商号	商号类似中介，可以谈价格，如果和管理员熟悉，其可能推荐好的石头
	瑞丽的商号	有许多分开的商号，类似腾冲的商号

投资项目	地点	渠道特点
成品批发市场	腾冲市场	以小别墅为单位，许多私人经营，高低档次不等，要有渠道才能找到好的东西
	瑞丽市场	有店铺，还有许多流动的缅甸人拿东西来卖，他们手上的东西经常有B货，要非常小心
	广州市场	有许多大大小小的档口，是所有集散地中档口最多的市场，东西也最多，档次不一
	四会市场	以生产摆件和玩件的厂家居多，高档的料子比较少
	揭阳市场	精致的首饰类作品居多，工艺细腻、中高档作品居多
	平洲市场	许多广州做翡翠的商号在这里设加工厂，以手镯加工为多。近年来，不少广州商家汇集到平洲，形成各品类齐放的局面，主要有玉器大楼、汇玉商场和翠宝园
零售终端精品渠道	拍卖行	我国香港佳士得、苏富比，北京的嘉德都是有名的翡翠拍卖行。拍卖行的东西，品相有保证，真假也基本能有保障

图8.12　四会玉器街

图8.13　揭阳玉都

图8.14　平洲玉市

图8.15　腾冲玉市

8.6 风险控制：贪婪是风险的朋友

有些收藏者以卖养买，已然成为半个行家。这时就特别需要进行风险的控制，翡翠是买卖信息极不对称性的行业，价格的波动也非常大，人的情绪很容易受到市场非理性因素的影响，特别是不能有贪婪的心理，也不能有侥幸的心理，翡翠一旦成为库存，是很难变现的。翡翠投资误区及规避方法见表8.4。

表8.4 翡翠投资误区及规避方法

投资误区	规避思路	细解	规避方法
逐级投资	量少精品	不宜从低价向高价逐级投资，应把资金集中于种色齐全，审美好的精致作品	投资手镯、戒面等全美的作品
重资产	轻资产	主要力量放在营销上，不做重资产投资，如开大面积店面或开加工工厂	重点投资作品
博而不专	取舍有道	有定位、有重点地投资。对于不是自己长项的部分尽可能舍去，比如摆件空间大，但很多人不懂如何销售	投资自己最擅长的方向
只做贸易	不断创新	创新可以增加货品的附加值，提高货品品相，提高接受度	从设计、包装、营销上创新
价低便投	讨喜第一	讨喜的作品人人喜爱，流通性强，具有更多的交易机会	投资讨喜的作品
不懂装懂	专家引路	没有足够的行业理解和必要的知识作为基础，投资只是"盲人摸象"	请有实战经验的专家指导
过于偏执	适当搭配	投资是为了获利，不管市场、过分带有偏好地投资易失去获利的机会，甚至会亏损	以市场为导向适度搭配类别投资
贪心求多	见利便收	利润永远与风险相随，一旦起贪念，离失策就不远了	设定风险率，及时变现
不理行情	关注进展	一定要跟紧行情，及时变换策略，进入和退出时机的选择同样重要，只种种子、不管收成不是好投资	加入专业协会了解行情
不自量力	量入为出	投资时注意把握度，贷款、借钱投资均不宜	量力而行,控制好库存,确保现金流

8.7　收藏口诀：鲜为人知的收藏口诀与投资口诀

收藏口诀

原石看场口，蒙头不轻动。

素件重品相，种底色形工。

镶嵌在款式，色件需调水。

玩件求奇特，摆件跟名家。

戒指重形色，耳饰要对称。

手镯讲条形，套件贵齐全。

"中国镂空第一人"中国台湾玉雕大师叶金龙作品《咏荷》如图8.16所示。

投资口诀如下：

投资口诀

多看少动把行情，准狠猛追靓眼睛。

能大厚不小薄尖，能净细腻不粗脏。

完好价高理应当，人人喜爱价自升。

投资贵在出手快，回报风险在个人。

把住趋势真眼光，理解需求显功夫。

原石投资勿妄想，取舍有道靠魄力。

图8.16　作品《咏荷》

8.8　买卖行规：有钱买不到美物的尴尬竟是因为它

翡翠行业在长期的交易实践中，慢慢形成了独有的行内交易行规。有些不懂规矩的行外人因为破坏了规矩，卖家拒绝把最美的翡翠出示或销售给他们。大家若遇到这样的事，也不必太气愤，应该检讨自己是否需要学习一下行规，才能更好地融入这个行业。

8.8.1　关于买家的行规

（1）礼仪规范　首先，在欣赏作品的时候买家不应做大动作。要选择合适的底垫欣赏作品，用力握紧重要部分，防止脱落。其次，翡翠不过手，具体就是说不用手接别人递来的作品，请对方把翡翠置于托盘或者软垫上再欣赏，可明确责任，同时也是礼貌的行为。再者，他人手里的翡翠不要过多询问。应该在他人主动请你进行评价时进行客观的评价。最后，不经允许，不要翻看卖家盒子里的东西。正常情况下，应该等卖家一件件分享，特别喜爱的情况可在得到卖家的同意后逐一欣赏作品。喜欢的作品可以留下再进行考虑。

（2）行为规范　买家行为规范应做到以下四点：第一，别人交谈时不主动打断、插嘴，最好静静聆听，别人请你提意见时再发声；第二，给价要慎重，不想买的东西不还价，还了价就要买下；第三，在众人面前不过多询问价格，可以在私下询问，也可以用计算器询价，最好不要在大众面前过多发表主观感性评论；第四，看货有先来后到的规矩，别人先看完后没有决定购买才能与商家谈价。

8.8.2　关于卖家的行规

（1）信用规范　卖家应主动提供天然的翡翠鉴定证书，这是诚信商家很必要的做法，尤其是高价位并附有大克拉配石的作品还须附配石天然证书。瑕疵、纹路等问题须讲清楚、到位，让客户知晓。

（2）付款规矩　首先，定制的作品需要先付定金后再取货，在交货给客户期间一般不可有价格变化。若有变化，须与客户预先达成一致。一般定金的金额是全款的10%～30%，付过定金后，卖家应按照约定在一定时间内为买家保留商品。超过约定时间买家无法交足余款，则卖家可继续销售，并有权不返还定金。其次，同行调货须预付定金。同行调货一般需要付50%的款就可把东西拿走，等卖掉后再付剩下的余款。如果卖不掉，调货者可在完好返还货品的情况下向货主收回已经支付的50%款项。当然关于付款事宜主要是依买卖双方的协议进行，买方可以根据实际提出要求。

（3）退货规矩　卖家在卖之前申明了售出不退的可以不退。如果是因为售后买家自己觉得买贵了的要退的可以不退。如果作品因为别的原因无法保持原样的可以不退。还有就是售出超出协议的后悔期也可以不退换货。

第 9 章

翡翠佩戴

9.1 翡翠种类：翡翠的品类繁多

可以按照翡翠制成品的功能不同进行分类见表9.1，还可以按照翡翠的颜色、种水、质地、坑口等方面进行分类。

表9.1 翡翠成品分类

类别	细分类别
摆玩类	握件、小摆玩件、把玩件、摆件
手饰类	贵妃镯、扁条镯、圆条镯、方条镯、绳纹镯、雕花镯等素面手镯，镶嵌手镯、手链
吊坠类	根据镶嵌与否分为：素件、镶嵌；根据题材分为：人物、花件
戒面类	马鞍形、马眼形、椭圆形、圆形、方形、长方形、心形、随形
项链类	圆珠链、塔珠链、镶嵌套链、颈链
戒指类	扳指、指环、戒指
耳饰类	耳钉、耳坠、耳夹、耳环等
胸针类	衣领扣、袖扣、胸饰、丝巾扣等
头饰类	皇冠、步摇、发夹、簪子等
其他	包挂、车挂、皮带扣、纽扣、脐钉、鼻扣、耳挖、刮痧板等

翡翠不同品类作品如图9.1～图9.4所示。

图9.1 翡翠摆玩件

图9.2 翡翠仿古步摇头饰

图9.3 紫色镶嵌翡翠吊坠

图9.4 白色翡翠蛋面设计制作的戒指指套

9.2 佩戴原则：翡翠迷必须懂的原则

翡翠的佩戴影响因素众多，主要需要从翡翠因素、人体因素、修饰因素三个方面进行综合考量，因物、因人、因饰进行搭配，重点实现修饰人体的缺陷和增加精气神，达到美化和增加富贵气质的效果（图9.5）。

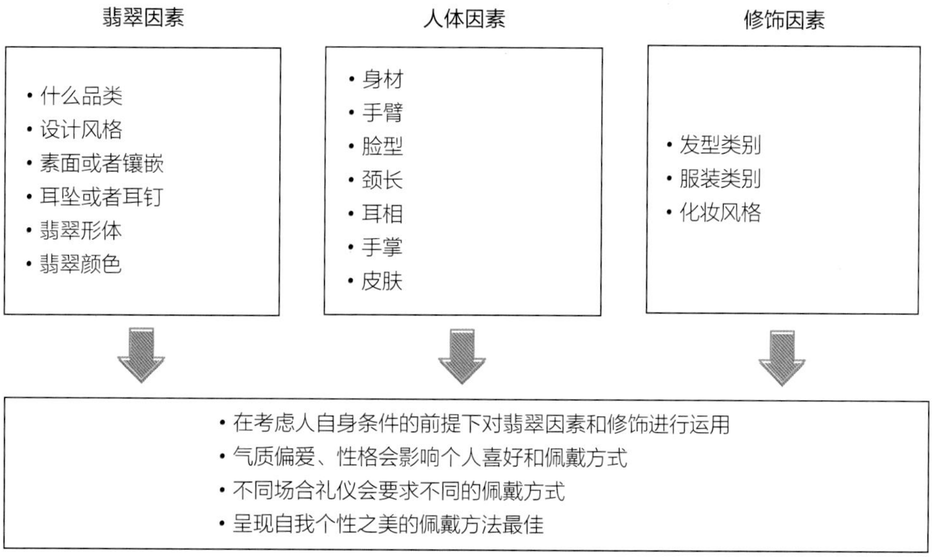

翡翠因素	人体因素	修饰因素
• 什么品类 • 设计风格 • 素面或者镶嵌 • 耳坠或者耳钉 • 翡翠形体 • 翡翠颜色	• 身材 • 手臂 • 脸型 • 颈长 • 耳相 • 手掌 • 皮肤	• 发型类别 • 服装类别 • 化妆风格

• 在考虑人自身条件的前提下对翡翠因素和修饰进行运用
• 气质偏爱、性格会影响个人喜好和佩戴方式
• 不同场合礼仪会要求不同的佩戴方式
• 呈现自我个性之美的佩戴方法最佳

图9.5 翡翠佩戴的因素选择

可以通过翡翠佩戴使得人显得高贵美丽，掩饰部分不足，以呈现最美自我，如图9.6所示。

图9.6　得体合适的翡翠佩戴让人神采奕奕

翡翠搭配"六不要"口诀如下。

① 不要配搭超过2件以上翡翠戒指在同一只手上。

② 不要佩戴不能让脸部更加精神和柔美的翡翠耳饰。

③ 不要佩戴视觉上使脖子变短、变胖的翡翠胸饰。

④ 不要佩戴使手臂变得粗短的翡翠手饰。

⑤ 不要佩戴使肤色显黄和黑的翡翠首饰。

⑥ 不要佩戴与自己身份和场合不搭配的翡翠。

9.3 翡翠搭配：这样佩戴翡翠最美丽

翡翠的佩戴是一门大学问，佩戴得宜，对服装和整体造型有如画龙点睛、锦上添花的作用，给人以浑然天成的整体美感。

9.3.1 服装搭配要领

搭配翡翠的衣服要简洁，不要带有荷叶边，质感要好。同时妆容要干净，发型也要简单大方，把美丽留给翡翠饰品。就材质而言，用丝绸、皮质和呢子的衣服去搭配翡翠都很显档次。

（1）露肩服装与翡翠的搭配

① 搭配靠近锁骨的翡翠短项链。在穿着露肩服装时，将露出大部分的脖颈，因此应挑选靠近锁骨的翡翠项链来搭配。挑选一条自己喜欢的吊坠项链也能达到不错的效果，能使脖子看起来很优雅（图9.7）。

② 搭配悬垂式翡翠耳环。为了使露肩服装造型看上去更完美，应该挑选时尚的悬垂式耳环。根据场合，可以搭配长长的吊灯式耳坠，以使着装更显考究，或者也可以搭配简单的悬垂式耳环，来打造经典的时髦造型。

图9.7 露肩服装更适合佩戴吊坠项链

（2）V领服装与翡翠的搭配

① 搭配粗短或层叠式项链。当穿着V领连衣裙或T恤时，多数情况应选择短项链。

② 搭配简单的长形耳坠，或者流苏式耳坠。长形耳坠与V领服装相得益彰，但不能过于华丽，简单的直线形耳坠将为V领连衣裙造型增添优雅气质（图9.8）。

图9.8　V领的佩戴不宜过于华丽

（3）高领服装与翡翠的搭配

① 搭配长吊坠项链或者胸针。高领连衣裙或毛衫适合搭配长项链，比如串珠项链，也可以别上一个胸针。

② 搭配耳饰。一般短小的耳饰与高领服装相匹配，可以选择一对耳钉，或者复古的小吊坠耳环。耳环颜色款式的选择应与佩戴的长项链相呼应。

（4）翡翠颜色与服装颜色搭配

红色翡翠建议与黑色、浅绿色的衣服相搭；紫色翡翠建议与黄色或者玫红色衣服搭配；黄色翡翠建议配上蓝色或者紫色的衣服使得肤色更显白皙；墨翠建议与大红色、橘红色等亮丽的颜色相搭配，显得色彩对比强烈与大气；绿色翡翠建议与黑色、灰色、白色、红色相搭彰显贵族气息（图9.9）。

图9.9　黑色衣服搭配绿色翡翠效果理想

9.3.2　不同年龄的搭配要领

年龄稍大的人，比较适合简单款式的首饰，显得庄重大方。年龄小的佩戴者，可以尝试夸张、特别的款式来彰显个性。要注意首饰之间的搭配和呼应，建议选择与翡翠主石色调相近、风格类似的首饰进行搭配，相互呼应，不建议用质地、颜色完全不同的翡翠搭配在一起作为成套首饰佩戴（图9.10）。

9.4　适宜场合：不同场合翡翠佩戴大不同

在人们的以往观念中，认为只有正式和庄重的场合才可以佩戴翡翠首饰，别的场合是不适合佩戴的，其实这是一种认识的偏差，只要佩戴合适，任何场合均可以佩戴翡翠首饰。

9.4.1　高端白领

对于高端白领，与职业装搭配的珠宝配饰限制较多，巧妙地选择适合自己气质和风格的珠宝首饰，能够塑造个人魅力，使人充满自信。例如，为了彰显自己的个性品位，

图9.10　颜色一致的翡翠搭配比较和谐

可以选择一些色彩生动的绿色、黄色、紫色、白色玻璃种翡翠项链，翡翠一定要有品质、有灵气（图9.11）。又如，在西服套装的领子边上别一枚曲线形的胸针，可以增添几丝活跃的动感，在职业装的庄重严肃之外，衬托出女性的柔美。

9.4.2　普通上班族

需要经常外出的上班族，可以将项链与手饰成套搭配，更增加个人印象。而久坐办公室的上班族或长时间使用计算机的女性，则多选择简单款式的耳环、戒指、吊坠（图9.12）。

图9.11 个性呈现，突出气质

图9.12 上班族佩戴首饰宜简单点缀

9.4.3 聚会或晚宴

图9.13　晚礼服搭配翡翠更显庄重典雅

聚会的气氛能使人兴奋与活跃，这时你选择的翡翠珠宝就非常重要了。聚会虽然适合较鲜艳、款式多变的饰品，但切记千万不要将所有夸张的饰品都佩戴在身上，这样会显得杂乱，反而失去单品的美感。参加晚宴时如果是穿高贵华丽的服饰，翡翠的款式就可以选择样式简单大方、色彩丰富的组合饰品，并要注意区分重点与陪衬。如果服饰简单，就要用奢华亮丽的翡翠款式来衬托个人魅力，摇曳生姿的耳坠和高贵的项链使人显得与众不同（图9.13、图9.14）。

图9.14　旗袍搭配翡翠珠串和简约耳坠显得大气优雅

9.4.4　家居休闲

家居、旅行时穿着休闲装，佩戴翡翠时也应该注意款式与服装的搭配。一般在非正式场合，佩戴简约大方的翡翠，既适合户外运动，又与休闲服装的搭配相得益彰，平淡中透出一种别样的品位。简洁的长裙可以翡翠吊坠，清新典雅，尤为娇媚动人，休闲的佩戴以简单为宜（图9.15）。

图9.15　简洁的服饰配简约的翡翠

9.4.5　访亲会友

访亲会友时是大家充分展示自己佩戴个性和品位的最佳时机，适时适地地佩戴饰品，给人增添一点色彩，同时会给家人和好友一种热情和轻松的感觉（图9.16）。

佩戴两件以上的首饰，就应该注意搭配，建议选择以下的一种翡翠套装：

① 项链／吊坠＋戒指；

② 项链／吊坠＋耳环；

③ 耳环＋胸针；

④ 戒指＋项链／吊坠＋耳环；

⑤ 戒指＋项链／吊坠＋耳环＋胸针；

⑥ 戒指＋耳环。

图9.16　自然大方的翡翠搭配令人心情愉悦

不同场合的翡翠佩戴礼仪见表9.2。

表9.2　不同场合的翡翠佩戴礼仪

场合分类	佩戴礼仪
工作	工作时所戴的翡翠应避免太过奢华或夸张，太长的坠子、耳饰或太突出的戒指是不合适的，易发生碰撞并发出声音的翡翠饰品也是不合适的
社交	在社交场合，佩戴能充分展示自己个性和品位的翡翠饰品是对他人的尊重。最好佩戴有设计感的翡翠饰品，同时佩戴翡翠的数量不宜过多
休闲	适合佩戴简单的翡翠素件首饰，不宜佩戴过于有设计感或夸张的翡翠饰品
正式	最好能佩戴专业设计制作的独一无二的翡翠首饰套件，充分体现自己的独特品位和个人魅力

9.5　翡翠礼仪：你不能不知的翡翠礼仪

在长期的翡翠佩戴文化中，形成了一套不同的翡翠类别在佩戴时约定俗成的规律。在重要场合，对于翡翠的佩戴礼仪就尤为重要，不注意就会酿成笑话。不同类别的翡翠佩戴要点和礼仪见表9.3。

表9.3　不同类别的翡翠佩戴要点和礼仪

类别	佩戴要点	佩戴礼仪
戒指	① 戒指的圈口选择。东方人的圈口大小为 8～28 号。选购戒指时，夏天以戴上戒指后稍紧为宜，冬天则以戴上后可左右转但又不脱落为宜。 ② 戒指的戴法。戴在食指上的戒指，要求有立体感的造型，一般要比较夸张以显示个性。戴在中指上的戒指要求大气、有重量感，能够给人以较正统、积极的感觉。戴在无名指的戒指适合正统造型。戴在小指上的戒指适合可爱、秀气的造型。 ③ 手指形状与戒指。手指修长，适宜宽戒和有体积感的戒指；肥胖型的手适合戴螺旋造型的戒指，这样能使手指稍显纤细；短粗型的手可选择流线造型的戒指。 ④ 戒指和其他手部饰物的搭配。不要让不协调的两件配饰在同一只手上出现，不要把两件绿色差别很大的手镯和戒指戴在一起。在同一只手上戴两枚戒指时，色泽要一致，而且一枚戒指较复杂时，另一枚一定要简单，最好选择相邻的两根手指佩戴	① 戒指要与指形相配。正式场合不佩戴过于夸张的与手形不和谐的戒指。 ② 戴戒指应与场合、季节相适应。参加朋友宴会不佩戴比主宾更夺目的戒指。 ③ 戴戒指应注意约定俗成的习惯。在不同场合戒指的佩戴要得体，以免传递错误信息
吊坠	① 要和自己的脸型相配。圆形脸的人，一般需要佩戴长形的吊坠来拉长脸部的线条；国字脸的人要选圆弧形的吊坠，以增加柔和感。 ② 要和自己的年龄相配。年纪轻的适合时尚的吊坠，中年人适合镶嵌华贵的吊坠，年纪稍大的适合简单的吊坠。 ③ 要和自己的服饰相配。比如，当穿一件露出脖子的衣服时，所佩戴的吊坠的位置要合适，不要偏上或者偏下，不然会显得不够端庄。如果吊坠戴在衣服外，那么吊坠的颜色、大小要和衣服相配。 ④ 要和场合相配。正式场合、社交场合、休闲场合要根据场面的大小、环境和到场人员状况搭配合适的珠宝	① 项链应与自己的年龄和脸型相符，年轻人不适合佩戴特别贵重的艳绿吊坠。 ② 选戴的项链应与服装的色彩、款式、质地相协调。 ③ 参加活动要依习俗佩戴翡翠
耳饰	① 耳饰与耳朵。耳朵因人而异，有大有小，这与人的整体形象是密不可分的，戴耳饰可以修饰耳朵。大耳朵的人选择大一些的耳饰，使别人的注意力容易集中在耳饰上；小耳朵的人要选择较小的耳饰，以有光泽感的小耳钉、小耳环为主；耳朵不好看的人可佩戴较大型的耳饰以掩饰不足；耳朵好看的人宜佩戴下垂耳坠，以显示耳朵之美俏。 ② 耳饰与脸型。圆形脸的人，宜用长而下垂的耳饰，长长的耳坠向下垂挂，能使面孔产生椭圆形的视觉效果；瘦长脸型的女性适合佩戴增加脸型宽度感的耳环，方形及圆形是比较理想的款式；方形脸的人适合佩戴圆润的长款耳饰，柔和脸部线条，使脸型显得细长一些。 ③ 耳饰与发型。短发的女性，如果所戴的耳环、耳坠与发梢同样长，会影响美感，适宜佩戴较短的耳饰；长发的女性佩戴耳坠会显得漂亮醒目。 ④ 耳饰与气质。一般来说，较大的耳饰较适合年轻的、活泼开朗的、喜欢交际的女性；素净的耳饰则可使人显得清秀脱俗，这种耳饰较适合文静、内秀的女性佩戴	① 与脸型相协调。能起到修饰脸型的效果最好。 ② 与脖子及肤色相协调。主要是形体和比例上要让人看了舒服。 ③ 与服装相协调。若能与服装的颜色和元素相呼应就更和谐。 ④ 与所处场合相协调。耳钉和耳坠要在不同场合使用

类别	佩戴要点	佩戴礼仪
胸针	① 季节不同选择不同。夏季宜佩戴轻巧型胸针；冬季宜佩戴较大的、款式精美、质料华贵的胸针；而春季和秋季可佩戴大小适中，款式漂亮的胸针。 ② 搭配衣服和发型。一般穿有领子的衣服，胸针佩戴在左侧；穿没有领子的衣服，则佩戴在右侧。左偏分发型，胸针佩戴在右侧，反之则戴在左侧。如果是左偏分发型，而穿的衣服是有领子的，胸针应佩戴在右侧领子上，或者不戴。 ③ 胸针佩戴场合。胸针虽然一年四季都可以佩戴，暗色衣服特别需要胸针提亮，如果与吊坠项链一起佩戴则要考虑二者的和谐统一	①穿西装时，应别在左侧领子上。 ②穿无领上衣时，则应别在左侧胸前。 ③左偏分发型，胸针应当居右；右偏分发型，胸针应当偏左
手镯 （手链）	① 和手臂相配。手臂细小骨感的人适合戴稍微宽的手镯，显得秀气可爱；手臂比较粗的人，则适合佩戴宽度为 1.5 ～ 1.7cm 的手镯。 ② 和肤色相配。肤色白的人比较好搭配，浅色、深色的手镯都适合佩戴；肤色偏深的人适合比较深色的手镯。 ③ 和衣服相配。要根据衣服的面料、款式选配，休闲服装适合搭配简单的手链。 ④ 和年龄相配。年轻人适合戴时尚、花哨的款式，而年纪大点的人适合戴比较稳重的款式。 ⑤ 手链的长度选择。手链的长度为 20 ～ 25cm，佩戴时也应掌握好尺寸，太紧了会影响美观和舒适感，太松了容易丢失。因此，手链的长度一般以链条与手腕之间留有拇指粗细的间隙为好	①手镯一般只戴在左手上，只有成对的手镯才同时戴在两个手腕上。 ②宝石镶嵌的手镯应紧贴在手腕上部。 ③戴手表时不应同时戴手镯。 ④手臂纤细者可佩戴宽型或多个细条形的镯子；手臂粗壮者，可佩戴细一点的手镯。 ⑤穿比较花的衣服时，一般配浅色手镯，或者浅色的镶嵌手链
套链	① 线条。镶嵌部分的线条与主石轮廓的线条要配合流畅，风格一致。 ② 翡翠的分布和配合。翡翠在套链上的分布应该实现颜色的渐进，一般颜色最好的放在靠中间显眼的部位；颜色稍逊色的放在比较不显眼的地方。个头大的一般在中间，双边渐小。 ③ 配石的选择。如果镶嵌翡翠设计中用到其他颜色宝石作配石，配石的色调、档次必须和主石搭配才会出效果。使用钻石要工艺好，够白、够亮才会出效果。 ④ 链扣搭配。链扣的形状和粗细要和套链的主体部分配合完美，风格一致。 ⑤ 佩戴效果。佩戴效果因人的肤色、脸型、锁骨特征以及服饰搭配不同而不同	①套链一般需要与戒指、耳饰、手链搭配佩戴。 ②套链需要搭配正式的礼服。 ③需要正式和隆重场合佩戴，不适合在休闲场合佩戴套链

9.6 翡翠呵护：让翡翠青春常驻的秘籍

翡翠是一种经过亿万年的矿化演变而成的宝石，翡翠硬度和韧性是所有宝石里面比较高的，也是相对比较好保养的宝石，只要不出现不正确的佩戴和使用方法，进行正确的保养，翡翠将能"永葆青春"。

（1）避免磕碰　避免使它从高处坠落或撞击硬物，参加有可能发生冲撞的运动时，最好不佩戴翡翠。手镯的破裂有95%是不正确佩戴造成的。

（2）避免与高酸碱化合物接触　翡翠饰品要避免与酸、碱和有机溶剂接触，保持翡翠首饰的清洁，最好使用温和的洗涤剂进行清洗，抹干后再用绸布擦亮。

（3）定期进行清洗　可将翡翠浸泡在清水中30min，如果因为长期佩戴使其表面出现脏污，只要在浸泡后用小软刷轻轻擦洗翡翠即可。翡翠可以使用超声波清洗机进行定期清洗保养，但最好不要把裂隙严重的翡翠在超声波清洗机里进行较长时间的清洗（图9.17）。若表面有出现划痕，可定期进行抛光处理以达到靓丽效果。

图9.17　翡翠可以使用超声波清洗机进行定期清洗保养

（4）避免高温暴晒　翡翠经过烤灼会使其内部分子体积增大，使玉质发生变化，造成翡翠失去温润和水分，使其种质变干，而其颜色也会变浅。

（5）避免汗液长时间的接触　汗液中含有会腐蚀翡翠手镯成分，日积月累之下，翡翠外层可能会因此而受到损伤，会容易出现一层油渍。

（6）定期检测　要定期观察一下翡翠的挂绳是否有磨损，镶嵌饰品的镶口和镶爪是否有松动。避免由于挂绳断裂、镶口松开而造成翡翠摔坏或丢失。

附录

1．翡翠行业常用术语

每个行业都有行业术语，翡翠也不例外，翡翠的行业术语是翡翠行业长期工作和加工贸易形成的行业语言，由于翡翠行业原料买卖大部分在缅甸和中缅边界进行，成品加工贸易人多在中国国内完成，所以行业术语相比其他珠宝品类更具特色。以下为翡翠行业常用术语：

硬玉——泛指翡翠。

件头——指翡翠块体的大小和重量大小。

老货——指出货时间较早的翡翠。

老坑——开采久远的坑洞。

新坑——采掘时间较近的坑洞。

老场石——出自老场区或老坑洞的块体，注意有老场石老坑和新坑之分。

新场石——常指出自新场区的无皮块体。

嫩种——指发育不够充分的翡翠块体，一般晶体比较稀松。

皮壳——指翡翠块体的外层，由于风化而形成，有黄、红、白等颜色。

翡——翡翠中多种深浅红、黄色的简称，有时也称为"红翡或黄翡"。

翠——翡翠中多种深浅绿色的简称，有时也称为"翠绿"。

春——翡翠中紫色部分的简称，有时也称为"紫翠"或"紫罗兰"。

黑——翡翠中黑色部分的简称，有"黑点""黑丝""脏""黑疙瘩""黑带子""黑钉"等。

皮——翡翠外部的风化层部分，我国古代称为"璞"。

绺——翡翠中各种原因造成的裂痕裂纹。

脏——翡翠绿色中的脏色、杂质或包裹物。

蔫——翡翠绿色特点的形容词，指颜色不鲜明而缺乏生气。

尖——翡翠绿色特点的形容词，指颜色极为鲜明而艳美。

艳——翡翠绿色浓淡的形容词，含有色浓水足的意思。

俏——翡翠绿色浓淡的形容词，含有艳之不足的意思。

瓷——翡翠绿色特点的形容词，含有凝滞的意思。

袍——翡翠原料外层同心状红色层，也就是红翡，具有这种情况下的翡翠叫作"穿袍"。

雾——翡翠原料外层同心状白色或灰色的浸染层，亦称"皮包水"。

油——翡翠的一种特点，具有凝滞而阴沉的感觉，有油青、油黄、油绿之区别。

皮包水——也叫水侵或干心、白心，其特点是翡翠矿体受侵蚀后一种灰色暗色物质沿整个翡翠由外向内侵入，受侵部分显得透明度及颜色均较好，但内部仍较干白。

天仙——就是指经过修图软件调色后的非常好看的图片，多为贬义。

吃药——指上当受骗的意思，翡翠行内，特指买到假货或者入手价太高。

小三、中三、大三、小四、中四……——这里指的是价格的暗语，小是1～3，中是4～6，大是7～9，而三是指3位数，四就是4位数，以此类推，大三就是指700～900等等这样。

不刀——就是指不还价。

短个价——指询价的意思。

地板价——指最低价的意思。

男花、女花——男花就是蓝花，女花就是绿花，指的是翡翠的飘花。

厚桩——就是厚度大，一般在10mm以上可以这么说，多用来说挂件。

照映——就是翡翠色和种水之间的协调程度，照映好的称之为"灵"，就是指翡翠结构细腻，颜色艳丽，水头好，色调均匀，价值也高，不好的就可以称作"死"。

地子——底子的意思，翡翠中除去绿色以外的部分合称。

翠性——翡翠特有标志，为翡翠中细小晶粒的纤维状、片状或星点状闪光，是翡翠鉴定时的关键性特点。

炝翠——一种人工加色的翡翠伪造品。

料石——伪造品，一种冒充翡翠的玻璃或烧料制品。

水头——翡翠的透明程度，常用长短好坏衡量。

种份——翡翠的绿色与透明程度的总称，分为老种、老新种和新种。

立卧——即立性、卧性，常指翡翠绿色的一种方向性。

深浅——指翡翠颜色的深浅，主要指色质。

浓淡——指翡翠颜色的浓淡，主要指色量。

花匀——指翡翠颜色的均匀，均匀者为匀；不均匀者为花。

灵死——对透明程度而言，透明者为灵，不透明者为死；对照映特点来说，照映好为灵，照映坏为死。

阴阳——颜色昏暗而凝滞者为阴；颜色鲜明而开放者为阳。

头尾——颜色的方向与位置的形容词，色浓、强、硬、聚、宽者为头；色淡、弱、软、散、窄者为尾。

硬软——翡翠质量的比较，色浓、聚、质细、水头长、皮紧、表皮有绿色为凸起者为硬；色淡、散、质粗、水头短、皮松、表皮有绿色为凹下者为软。

老新——翡翠质量的比较，色浓、水头长、有外皮者、外皮细者、绿色硬者为老；色淡、水头短、无外皮者、外皮粗者、绿色软者为新。

聚散——颜色特点的形容词，色硬、浓、头者为聚；色软、淡、尾者为散。

松紧——翡翠质量的形容词，一般指翡翠块状集合体的粒度与密度，并含有一定程度的软硬区别。

正邪——颜色的纯正，绿色鲜艳，无邪色者为色正；而绿色中泛有黄色、蓝色、灰色、黑色、油色者为色邪。

润木——翡翠质地与绿色水头较好者为润；翡翠质地与绿色水头较差者为木。

蜡壳——指皮壳上的蜡状薄膜（注意蜡壳和包浆的区别，蜡壳指的是皮壳上蜡膜，包浆指的是整体）。

敲口——人为的磕口或自然断口。

擦口——在块体上擦拭后留下的窗口。

解口——切下块体的断面称为解口。

砂紧——砂粒在皮壳上的排列整齐而紧密。

砂松——砂粒在皮壳上排列零乱和疏松。

砂发——指皮壳上砂粒的排列和走向。

高种——指的是俏绿以上，如艳绿、翠绿、阳绿、祖母绿色或多绿色的翡翠块体。

砖料——泛指大小不等的翡翠块体。

牌料——制作挂牌挂件类的块料。

手镯料——制作手镯用的块料，一般要求完美程度要高。

镯心料——手镯取出后的内料，一般是好的翡翠料才会做镯心料。

雕件料——雕刻使用的翡翠块体。

正色——指翠绿色，正色以正阳绿为最佳。

偏色——以青、蓝、黑为主的绿色。

邪色——指绿色中泛有黄、青、蓝、灰、黑等色称为色邪。

反弹——指绿色的映色能力。

色率——指绿色的粗细或浓淡。

色味——指含色的倾向性。

黄味——绿色中的黄色倾向，黄味当然的没有黄翡明显。

蓝味——绿色中的蓝色倾向，多见于海水蓝种、老蓝水种。

色阴——指绿色中的青黑色倾向过重不致邪色。

色阳——指绿色中的正味充足。

色根——产生绿色的源头，绿色的根。

吃白——翡翠在白色衬底上有强烈的收光放光效应，显现出最佳的呈色性。

色状——颜色的生态形状，多指正料色状。

晴水——指无绵纹杂色，而空凝明亮。

对庄——指买家的客群对这款翡翠是适销对路的。

差很多——指商家想要的价格与买家的还价相差很大。

成交价——指买卖双方最终达成交易时的价格。

品相好——指翡翠的形体和雕刻符合审美标准，比例协调。

卖相好——指翡翠美感到位，很受市场欢迎，易售出。

镶口——指翡翠镶嵌后颜色和种水会增进的翡翠。

形体——指翡翠形体的比例。

坑口——指翡翠开采的矿区，市场上常用于评价翡翠的种水新老。

变种——指同一件翡翠种水发生变化。

光度——指翡翠由于种水好而产生的反光。

空间——指翡翠的可以变现的利润空间。

底价——指卖家想出售翡翠的最低价格。

开价——指卖家开给买家想出售的价格。

实价——指卖价开出的价格没有议价的空间，是实际的成交价。

2. 翡翠图案寓意汇总

翡翠图案的文化寓意：

（1）佛教文化寓意 主要为度母、宝宝佛、灵童、弥勒佛、佛祖、观世音、千手观音、送子观音、南海观音、普陀观音，文殊菩萨、普贤菩萨等各种菩萨等图案。

（2）儒教文化寓意　山水、人物、花鸟、动物，梅、兰、竹、菊、葡萄、蔬菜（象征士大夫气概）。

（3）道教文化寓意　主要图案为老子出关、阴阳鱼、五神、八卦、阴阳八卦。

（4）皇宫文化寓意　如九龙归宗、双龙戏珠、龙凤呈祥、松鹤延年、贵妃出浴、望子成龙、一统天下、和平有象、金玉满堂。

（5）文人文化寓意　喜上眉梢、岁寒三友、（松竹梅）。

（6）生肖文化寓意　用十二生肖属相：子鼠、丑牛、寅虎、卯兔、辰龙、巳蛇、午马、未羊、申猴、酉鸡、戌狗、亥猪，代表属相吉祥如意，相应属相佩戴相应玉佩，也有按六合互补佩戴。

（7）商业文化寓意　生意兴隆、年年有余、苦尽甘来、财运亨通、麒麟送财、金蟾献瑞。

（8）新文化寓意　貔貅献瑞、心心相印、如意心锁、普天同庆、祝福（竹子、蝙蝠）、天长地久、花生。

（9）仕途文化寓意　步步高、连升三级、硕果累累、冠上加官、螳螂捕蝉黄雀在后、花开富贵、鹏程万里、马上封侯。

（10）企业文化寓意　吉祥的企业名称或品牌：金龙、三金、富贵鸟、啄木鸟、鳄鱼、美猴王、金丝鸟、大白兔。

（11）福禄寿禧文化寓意

① 传统类。福：弥勒佛、蝙蝠、梅花、寿星、福在眼前、鸡冠花、佛手瓜。禄：鸡冠花、公鸡、凤凰。寿：龙头龟、人参、松树、仙鹤、高山、灵芝。禧：欢庆、喜鹊。植物类：葫芦、牡丹花、水仙花、梅花。

② 人物类。关公、寿星、财神，也称三星高照。

③ 翡翠颜色类。福——紫罗兰；禄——翠；寿——翡；禧——青色。

（12）寄托愿望文化寓意　望子成龙、多子多福、五子登科。

（13）古代民间文化寓意　金猴拜寿、童子鱼、五子登科、五狮献瑞、鲤鱼跳龙门、精打细算、喜获丰收、连生贵子、福星高照、龙凤呈祥、福寿双全、五福临门。

参考文献

［1］欧阳秋眉.秋眉翡翠：实用翡翠学.上海：上海文化出版社，2017.

［2］马崇仁.形象翡翠学——马崇仁赌石原理与应用.云南：云南美术出版社，2014.

［3］肖永福.翡翠大辞典.北京：地质出版社，2016.

［4］摩太.翡翠级别标样集.云南：云南美术出版社，2009.